JN015629

WT
(野生型)

SH2
(みどりの香り
の生産の高い
組換え体)

ASH6
(みどりの香り
の生産を抑えた
組換え体)

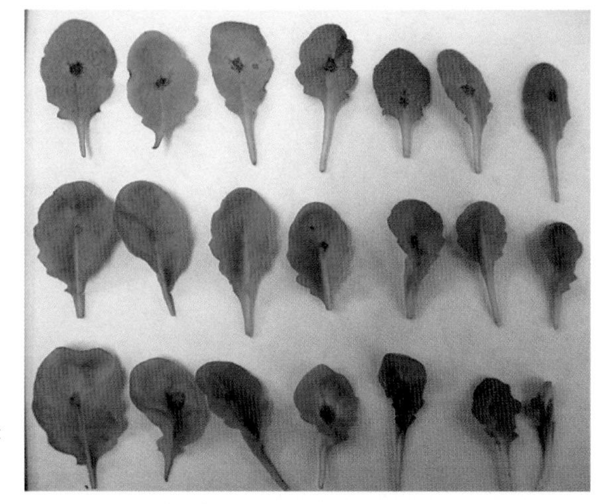

口絵 1　みどりの香りの生産の違いと灰色かび病接種による病斑の違い

花き研究所　岸本久太郎氏提供.　→ p.17

(a)

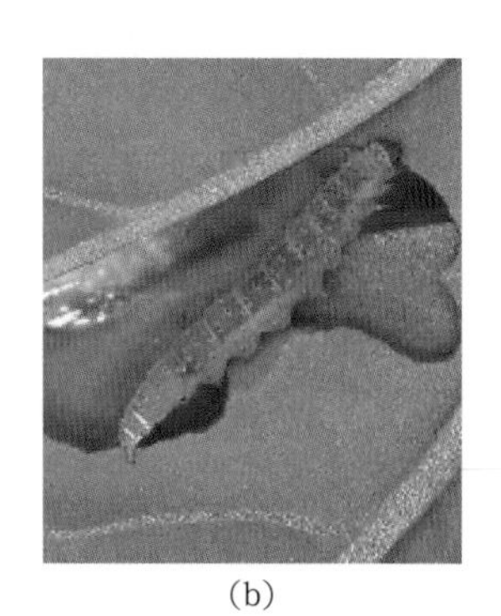

(b)

口絵 2　(a) コナガ成虫（背中にダイヤ形の模様がある），(b) コナガ幼虫

農研機構　安部順一朗氏提供.　→ p.20

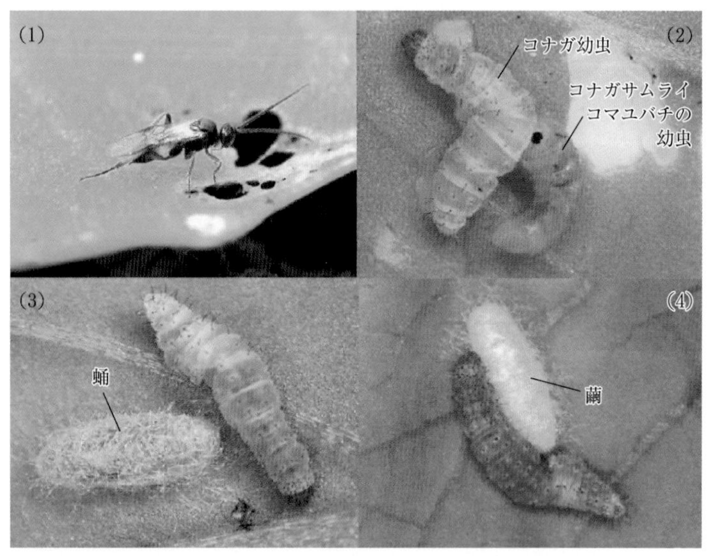

口絵3　(1) コナガサムライコマユバチ成虫, (2) コナガ幼虫からコナガサムライコマユバチの幼虫が脱出する様子, (3) コナガサムライコマユバチの前蛹, (4) コナガサムライコマユバチの繭

農研機構　長坂幸吉氏提供.　→ p.21

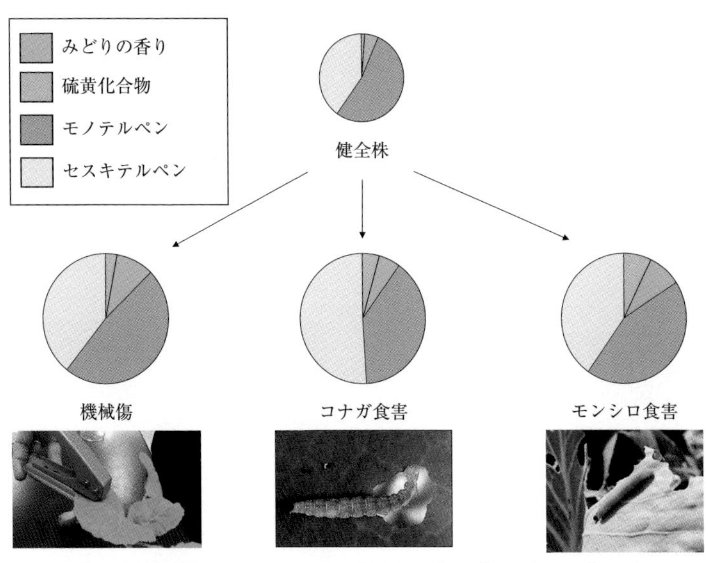

口絵 4　被害の種類によるキャベツの放出する香り（匂いブレンド）の違い

円グラフの大きさは匂い量を表す．　→ p.27

口絵５　キャベツ―コナガ幼虫―コナガサムライコマユバチの３者系にモンシロ幼虫が介入　→ p.30

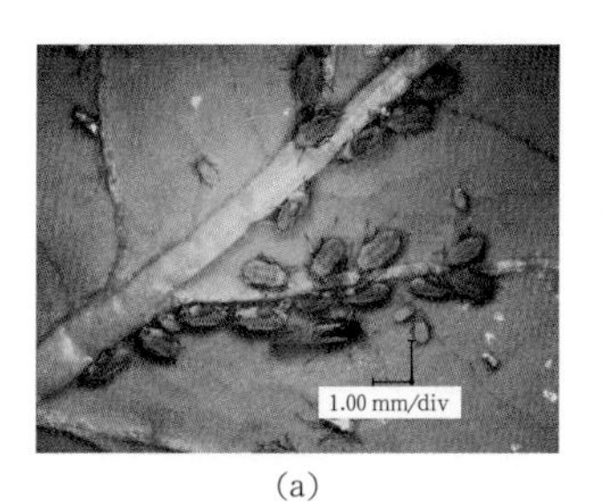

(a)

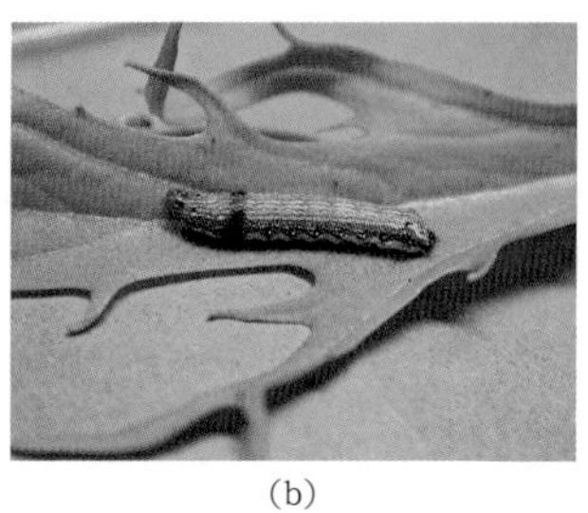
(b)

口絵 6　(a) ニセダイコンアブラムシ，(b) ヨトウムシ　→ p.31

口絵 7　ミズナハウス内の様子

ハウス内には天敵の餌となる蜜源がない.　→ p.50

口絵 8　ミズナハウスに天敵誘引剤（天敵クール（コナガ））と天敵餌源（天敵ゲンキ）を配置した様子　→ p.51

口絵 9　セージブラシ (Sagebrush: *Artemisia tridentata*)　→ p.60

口絵 10　ヨセミテ国立公園の東側

半乾燥地帯でセージブラシに覆われている．　→ p.64

口絵 11　調査地風景

処理した個体には，旗とピンテ（調査時に用いるピンク色のテープ）がついている．
→ p.70

口絵 12　兵庫県立農林水産技術総合センター（加西市）のクロダイズ畑とセイタカアワダチソウの栽培の様子

クロダイズ畑の奥の土手がセイタカアワダチソウ群落.　→ p.96

かおりの生態学

葉の香りがつなげる生き物たち

塩尻かおり［著］

コーディネーター　辻　和希

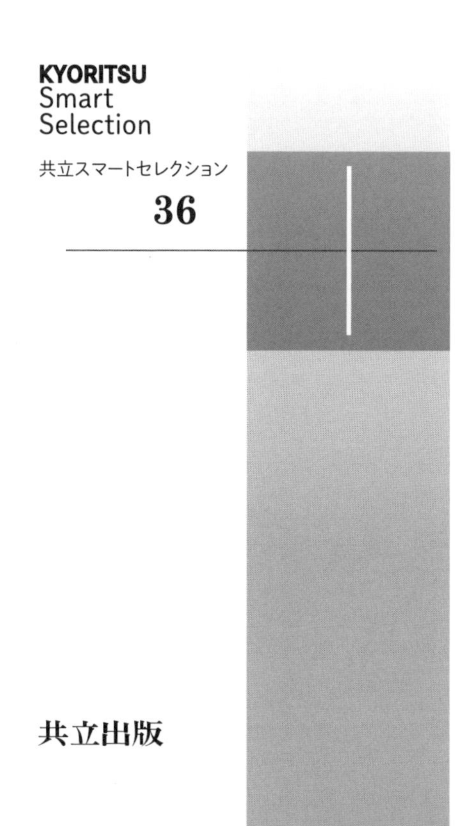

共立出版

はじめに

私の名前は，かおりである．友人に「“かおりの生態学”というタイトルで本を書いてみようと思っている」と言ったら，「ダサい！」と返されたけれど，あえてそれで出版させてもらうことにした．かおりという名前は，私の年代では人気で，私の生まれた年の名前ランキングの上位に入っている．クラスでも多いときには3人が同じ名前だったため，「かおりちゃん」よりも，ニックネームで「シオ」や「シオケツ」とよばれていて，研究者になるまでは自分の名前に思い入れはなかった．

私は主に，植物が出す“かおり”に注目して研究を行っている．研究を通じて，植物のかおりが，周辺のさまざまな動植物に直接的・間接的に作用していること，言い換えれば，かおりがツールとなって，植物とほかの生き物がつながっていることを知った．今は，目に見えない“かおり”が，生き物をつなげていることに興味を覚え，さらにそれが私の名前ということで，“かおり”という名前をとても気に入っている．「名は体を表す」というが，植物のかおりがさまざまな関係をもたらすツールとなっているように，私も多くの人との関係を築いたり，異分野をつなげるような研究をしようと思っている今日この頃である．

さて，この植物の出すかおりは，見方を変えると動けない植物の持つしたたかさの一つの武器でもある．第1部ではかおりを介した植物と虫の関係を，第2部ではかおりを介した植物同士の関係について解説し，かおりが取り持つ関係だけでなく，植物の持つしたたかさを垣間見てもらえればと思っている.

2021 年 11 月

塩尻かおり

目　次

Box

第 1 部

植物と虫

1

香り（匂い）って一体なんだ？

1.1 匂い構成要素

「かおり」と「におい」と聞いてなにを思い浮かべるだろう．「かおり」というとかぐわしいイメージを思い浮かべるだろうし，「におい」というと鼻で感じるあらゆる匂いを思い浮かべるだろう．また，表記する漢字によっても，印象が違う．例えば，同じにおいでも「臭い」と記すだけで鼻をつまみたくなる．文字にするだけで違う印象を与えるほど匂いは生活に身近なものであり，それはさまざまである．それでは匂いの実体は一体どういうものなのだろうか？匂いは揮発性のある化学物質である．そして，それが鼻腔にある嗅覚受容体にくっつき，電気信号になって脳に伝わることで初めて匂いと認識される．この匂いの元となる揮発性物質は 3000 種類以上あるといわれている．そして，それらの物質の組み合わせやその割合，また濃度によっても匂いの感じ方は異なる．ちなみに，人の嗅覚受容体は 400 種類（マウスは 1200 種類）あり，それぞれが 1 種の匂い物質を受容する．光受容体が３種なのに対して，べらぼうに多い．

電気信号として脳に伝わった匂いは私たちにとって有用な情報となる．例えば，お腹が減っていてお昼ご飯をなににしようかと考えているときに，うどんの出汁の匂いが漂ってきたら，匂いのする方向に進んでいってうどん屋さんに到達できるだろう．また，匂いで情景を連想する香道とよばれる芸道もある．そういえば私自身も，留学していたころ，どこからとなく漂ってきたキンモクセイの香りから，小学校の運動会を思い出し，少しばかりホームシックになったことがある．また，その匂いの変化も情報となる．例えば，食べ物が腐っていないかどうか，その状態を確かめるときに匂いを使うだろう．このように，人間にとって匂いは，安心して食べられる状態のものは，良い匂い，おいしそうな匂いと感じられ，腐敗臭を感じることで，それが危険なものであることを認識する役割をしている．匂いが記憶や経験と密接に関係していることはとても興味深い．

このように，視覚情報を主に使っている私たちでさえ，匂いから多くの情報を得ている．となると，嗅覚を主に使っている生物が匂いから得ている情報は膨大であることが容易に想像できる．嗅覚が優れている生物として思い浮かぶのはイヌやマウスかもしれない．マウスはネコのオシッコの匂いを嗅ぐとフリーズする（ジッとする）．これは，動くとネコに捕まってしまうリスクが高いことから，危険を回避するための反応だと考えられる．

嗅覚の優れている生物として，昆虫も忘れてはならない．小さいからだに対して長く，自由に動く触角は匂い情報をキャッチするものとして備わっている（**図 1.1a**）．長くはないが，蛾の触角は蛾眉と例えられるように綺麗な弧を描いており，フサフサとしていて

(a)　(b)

図 1.1　(a) ゴマダラカミキリの長い触覚，(b) カイコガの触覚

表面積が広い分，匂い物質をキャッチしやすいような構造になっている（図 1.1b）．フェロモンは昆虫自身が出す揮発性物質で，別の同種個体が感知し作用する．その分子構造は種により異なり（**図 1.2**），雌の蛾が出す性フェロモン成分の化学構造のごくわずかな違いだけで，雄の蛾は同種か異種かを区別することができる．さらに，同時に放出されている匂い成分の組み合わせ（ブレンド）が異なるだけでも，匂いとしての感じ方は大きく異なる．考えただけでも恐ろしいぐらいの種類の匂いがこの世に存在しているのだ．

このように，「生物にとって」匂いは生きるために不可欠な機能を果たしている．つまり，食うか食われるか，生きるか死ぬか，子孫を残せるかどうかを決定するほど重大な情報なのである．

1.2　植物の香り

植物の香りと聞いて思い出すのは「花」の匂いだろう．キンモク

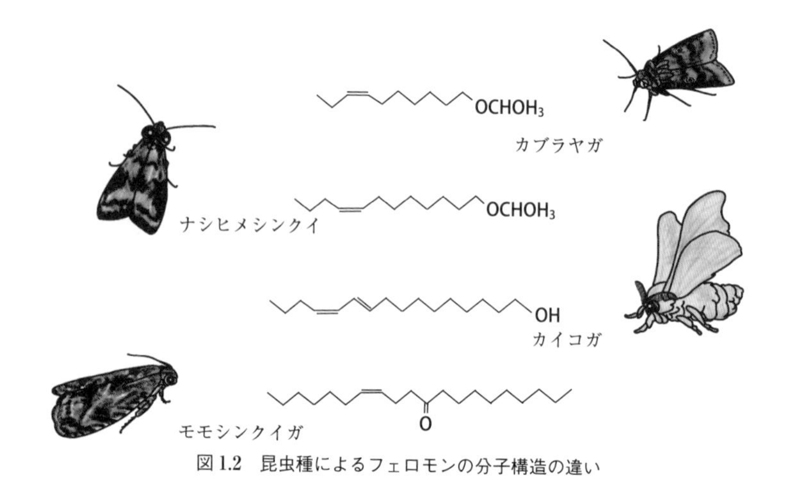

図 1.2　昆虫種によるフェロモンの分子構造の違い

セイやバラ，ユリはとても良い香りがし，花屋さんや植木屋さんでは人気の植物である．商品にされているものの多くは人間によって品種改良され，より人が好む香りや形，色を持つものが選抜されているが，花の香りや形，色はもともと，人を喜ばせるためのものではなく，その花を咲かせる植物が花粉を運んでくれる生物（主に昆虫）を惹きつけるものとして進化してきた．例えばミツバチは，一度訪れた花の匂いを学習し，持ち帰った花粉の匂いを巣箱の仲間が記憶し，体に付着した花粉とともに，同じ匂いを持つ花を訪問する．このミツバチの特性により，花は自分の花粉をほかの同種の花まで運んでもらうことができ，結果的に，子孫を残すことができるのだ．別種の花に訪れてしまったのでは，花粉が別種の花についてしまって種子（タネ）を残すことができないからだ．また，ミツバチの正確な蜜集め行動のおかげで，私たちは「アカシアの蜂蜜」「レンゲの蜂蜜」「栗の蜂蜜」など特定の花から集めた蜂蜜をご相伴にあずかることができるわけだ．

あまりピンとこないかもしれないが，植物は花だけでなく，葉や茎，幹などからも特有の匂いを出している．例えば，森林に足を踏み入れてみよう．さまざまな樹木が生育しているが，なんとなく森の匂いを感じないだろうか．樹木の匂いと聞いてもっと身近に感じるのは，ヒノキかもしれない．ヒノキ風呂はヒノキの香りを楽しみ，またリラックスできると昔から人気が高い．そのヒノキの香りの正体は，主にヒノキチオール（$C_{10}H_{12}O_2$）であり，ヒノキチオールには抗菌性があると報告されている．また，近年ではアウトドアや家庭で燻製が手軽にできるキットがあり，サクラチップやオークチップなど，燻製の匂い付けのための樹木チップが販売されている．これらの匂いは，花の匂いではなく，幹や葉からの匂いだ．例えば，イソプレン（C_5H_8）とよばれる物質は植物の高温障害を防ぐ役割があり，多くの木が大気中に放出している．ブルーマウンテンと称される山が青く見える現象は，このイソプレンがさまざまな分子に変換されエアロゾルになるために起こることが知られている（Jardine *et al*., 2015）．このように，植物自身は匂いをあらゆる場所から放出していて，単に放出しているだけでなく，その匂いを放出することで，植物にとってなんらかのメリットがあるようだ．

「植物にとって」匂いはどんな役割があるのだろうか．その一つに病害虫からの“防衛”がある．本書では植物の防衛，特に匂いを用いた防衛について話していく．

植物の防衛

2.1 恒常防衛と誘導防衛

匂いを用いた防衛を説明する前に，植物の防衛について詳しく説明しておきたい．植物は敵が来てしまったら，なすすべがないように思う．確かに，野菜や庭の樹木など，どの植物にも常になんらかの虫がついているように見える．しかし，植物はすべての種類の植食性昆虫種に食べられるわけではない．ある植物はトライコーム（図 2.1）という軟毛をつけ，特定の虫に産卵されるのを防いでいたり，葉を硬くすることで強い顎を持たない虫たちには食べられないようにしている．また，このような物理的な防衛だけでなく化学的な防衛をしていることもある．例えば，アブラナ科植物（以下，アブラナ科とよぶ）は，生物にとっての辛味成分である辛子油配糖体を常備することで，虫から防衛している．しかしながら，この辛味成分を克服した昆虫群がアブラナ科を食害する．さらに，辛味成分を克服した昆虫群に対して，植物が新たな防衛をし，また，その防

図 2.1　トライコーム（軟毛）

衛を克服した昆虫が…とアブラナ科を食べる昆虫とアブラナ科種の間でイタチごっこが起こった．結果，辛子油配糖体といっても 120 種類以上の化合物があり，それぞれの植物種が持っているものが異なる．そして，ダイコンにはダイコンを好む虫（例えば，ダイコンノミハムシ，カブラハバチ），キャベツにはキャベツを好む虫（例えば，モンシロチョウの幼虫，コナガの幼虫）がつくようになっている．植物と昆虫の「イタチごっこ」といったが，進化生態学的には植物と昆虫の軍拡競争による共進化とよばれている．アブラナ科とそれを食べる昆虫を例に挙げたが，実際にはアブラナ科だけでなく，さまざまな植物とそれを食べる昆虫の間において共進化は起こっている．

2.2 間接防衛と直接防衛

一方，植物自身で身を守るのではなく，捕食性の昆虫を“雇って”防衛する間接的防衛もある．山菜としても利用されるイタドリ

（タデ科の多年生植物）などでは茎や葉の付け根に蜜を出す腺（蜜腺）をつけ，植物を食べる虫を食べる捕食性昆虫（特にアリ）に頻繁に訪問してもらうことで，防衛する．さらにもっとアリに依存した植物として，その名の通り「アリ植物」とよばれるものがいる．「アリ植物」の一種のマカランガ（東南アジア生息）は，アリに食べ物だけでなく住処まで提供する（**図 2.2**）．そして，見返りとして自身を食害する虫をアリに追い払ってもらっている．実際，アリを住まわせないようにした場合，ボロボロになるほどに植食性昆虫に食べられたそうだ (Heil *et al.*, 2001)．ちなみに間接防衛に対して，植物自身でする防衛は直接防衛と分類されている．皆さんは，タンポポの茎で笛を作ったことはないだろうか？　笛は作ったことはなくても，綿毛を飛ばそうとタンポポの茎をちぎったことはないだろうか？　すると，ちぎった茎の先から白い液（乳液）が出てきたことだろう．笛にした人はわかるだろうが，これはとても苦い．また，それに触った人はわかるだろうが，ネバネバしてくる．これは，虫に食べられないように苦いのであり，さらにタンポポの茎を食べた口が閉じてしまうようにゴムの成分が含まれているため，ネバネバしているのだ．これが，昆虫に対してダイレクトに効き目のある直接防衛の例である．そして，これらの防衛形質は，常に植物に発現している防衛形質なので，恒常防衛と分類される．ややこしいので，防衛の分類を**図 2.3** に挙げておく．

ちょっとここで，常に防衛することについて考えてもらいたい．人間社会では，安全性を考えて警備員を常駐させている．より多くの警備員を常駐させた場合，たぶん，安全性は高まるかもしれないが，それ以上に，賃金がかかりすぎて，ほかのことにお金を回すことができなくなる．これは植物も同じである．恒常防衛を高めるほど，病害虫から守ることができるかもしれないが，かなりのコスト

図 2.2　マカランガ
托葉の下にアリの巣の入り口がある．京都大学生態学研究センター　酒井章子氏提供．

(植物の場合はエネルギー）がかかってしまい，本来の目的である成長や繁殖に回すエネルギーがなくなってしまう．また，常に防衛をしていると防衛体制が表立っているので，敵は戦略を立てやすくなる．では，どのような防衛をすればよいだろうか．

人間社会における警備を考えよう．なにか重大な事件が起こったとき，あるいは，重要な人物や商品が到着するとき，多くの警備員を雇い，警備体制を強化する．つまり，必要なときに限定してコストを払って防衛する．では，植物でもそのようなことをしているのだろうか．答えは，「イエス」である．植物は病害虫にやられたときに，それ以上の被害を増やさないために防衛を誘導することが知

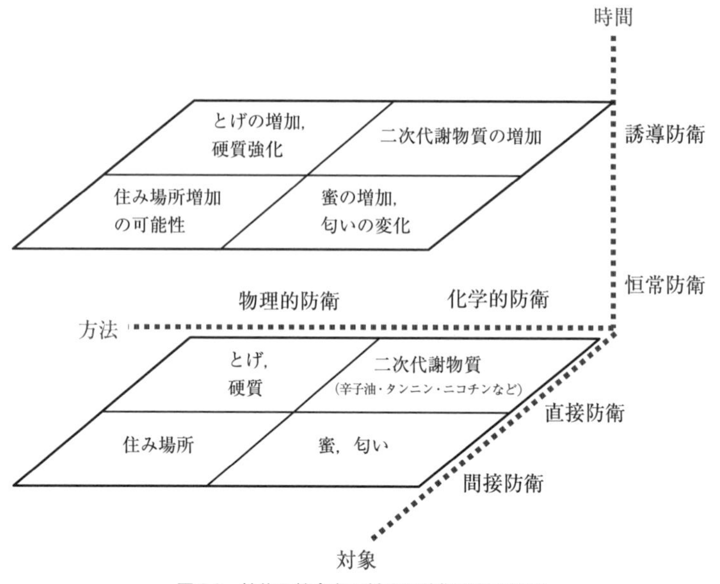

図 2.3　植物の植食者に対する防衛形質の分類

られている．それは，なんらかの刺激によって起こるので，誘導防衛反応とよばれており，植物や刺激によってさまざまな反応が引き起こされる (Karban & Baldwin, 1997)．例えば，食害を受けた植物の，食害を受けていない葉や食害後に生えてくる新芽は虫の消化を悪くするタンニンやフェノールといった化学物質が多くなったり (Bryant *et al.*, 1993)，棘や葉に生えている毛（軟毛）の密度が高まったりする (Hall *et al.*, 2020)．

2.3 身近な誘導防衛の例

植物の誘導防衛なんて滅多にあるはずがない，あったとしても気がつかないだろう，と思うかもしれない．でも，実はこの反応はとても身近にある．小さいころにオジギソウを触って遊んだ記憶はないだろうか．葉を閉じ葉柄を下げる反応は，接触という物理的刺激を受けた結果である．それは例えば虫が産卵しよう，あるいは摂食しようと植物体に触ったときに葉を閉じることで，虫に産卵や摂食をできなくさせるという防衛の一つと考えられる（Braam, 2005)．ハエを捕まえる植物として知られるハエトリソウは，土壌の栄養が乏しい地に生育するため，窒素源として虫を捕まえる必要がある．そこで，短時間に2回以上触れられたときのみに葉を閉じる仕組みを持っている．これはとても素晴らしいシステムだと思う．本当に必要なとき，つまり獲物が来たときにしか葉が閉じないようになっているのだ．1回しか触れないということは，非生物，つまり獲物でないなにかである可能性が高いので，わざわざ葉を閉じないのである．この方法を人間社会にある自動ドアに取り付けてほしいものである．最近は取っ手の部分を押さないと開かない自動ドアもあるが，それでも単に近くを通っただけでセンサーが人を感知して開いてしまう自動ドアの方が多いような気がする．

植物の誘導反応は動くものだけではない．例えば，身近な例として思いつくのは大根おろしだ．大根おろしを作るとき，怒りながらおろせば辛くなり，やさしくおろせば甘くなるという話を聞いたことはないだろうか．ダイコンはアブラナ科特有の辛子油配糖体を防衛物質として細胞内に持っている．しかし，配糖体自体は辛くない．細胞が壊されたときに配糖体が糖を外して辛子油になり辛味を引き起こす．つまり，細胞を壊さないようにやさしくすりおろすと配糖体のままなので辛くならない．この反応は，アブラナ科が虫に食べられたとき，つまり細胞が壊されたときに辛子油がつくられ，虫が嫌がるようにする誘導防衛の反応である．

2.4 ちぎると出る匂い

植物は恒常的に匂いを出しているだけでなく，誘導的にも匂いを出す．野菜を切るとその野菜独特の匂いを感じるだろう．例えば，私の娘はピーマン嫌いで，買ってきて保存している間は気づかないけれど，キッチンに立っていざ切り始めると「あっ！　今日ピーマンやろっ！」と玄関に入った時点で気づく．また草刈りが行われると，遠くからでもどこかで草刈りをしていることがわかる．それらは，植物が傷をつけられると誘導されて出てくる匂いである．このように，野菜を切ったり，葉っぱをちぎったときに最初に出る匂いは，「みどりの香り」と称されている．これは，植物細胞内にある葉緑体のチラコイド膜が破れると，それが基質となり，葉緑体のストロマ内にあるLOX（酵素）や，葉緑体包膜にあるHPL（酵素）が働き，合成されてできる香りである（**図2.4**）．

植物をちぎるとパッと最初に出てくる主な匂いはみどりの香りだが，そのほかにもさまざまな匂いが放出される．テルペン（先述のイソプレンを構成単位とする炭化水素の総称）やフェノール系（芳香族化合物の一つ）の匂い物質も，葉が傷つけられたという刺激に誘導されて多く放出される．これらの匂いは，放出後，放出した植物自身だけでなく，その植物をとりまく生物にも影響を与えていることを，これから説明していこう．

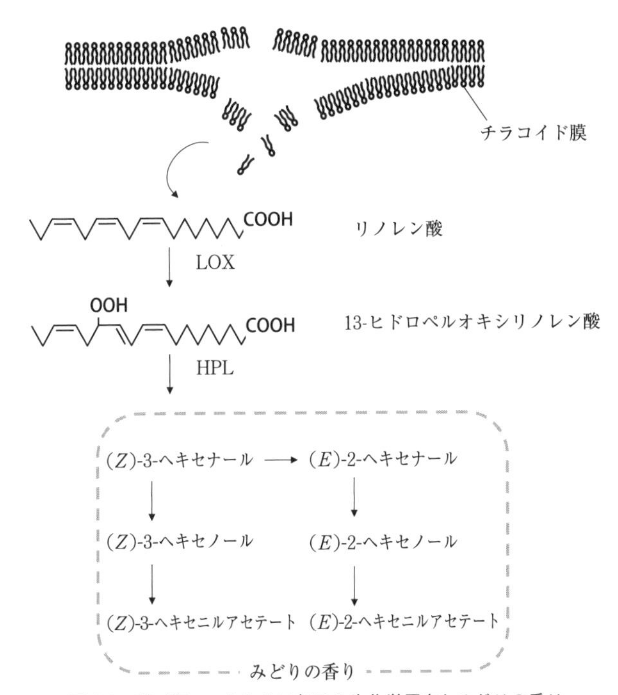

図 2.4　葉が傷ついたときに起こる生化学反応とみどりの香り

匂いで防衛

3.1 匂いで直接防衛

匂いで防衛とはどういうことだろうか？　目に見えない方法で防衛するのはなんとなく頼りない気がしないでもない．しかし，人も植物の作る匂いで害虫から身を守っている．その代表例は，夏の風物詩「蚊取り線香」だ．これは，除虫菊から取れるピレスロイドを線香に混ぜ合わせた製品である．ピレスロイドは高温になると揮発し，蚊の殺虫効果をもたらす．ユーカリの匂いも蚊を忌避させる効果があるので，最近，ユーカリの匂いのついた蚊除け製品が出回っている．これらは，人が植物の匂いを利用して衛生害虫である蚊を殺したり忌避させたりしているのだが，植物も匂いで害虫を寄せ付けなくして自分自身を守っているのだ．

また，前述した，ちぎったときに瞬時に出てくるみどりの香りは，病気を抑える効果がある (Shiojiri *et al*., 2006), (Arimura *et al*., 2010) のだが，遺伝子操作でみどりの香りの生産を高めたシロ

WT
（野生型）

SH2
（みどりの香りの生産の高い組換え体）

ASH6
（みどりの香りの生産を抑えた組換え体）

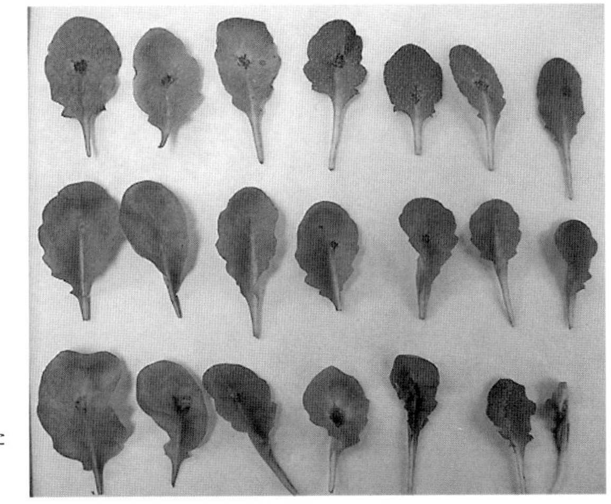

図 3.1　みどりの香りの生産の違いと灰色かび病接種による病斑の違い
花き研究所　岸本久太郎氏提供.　→ 口絵 1

イヌナズナは，灰色かび病にかかりにくくなり，一方，みどりの香りの生産を抑えられたシロイヌナズナでは，灰色かび病にかかりやすくなることが報告されている（**図 3.1**，**図 3.2**）．また，みどりの香りの放出により，傷害に対する植物の防衛形質を誘導するシグナルとして働くジャスモン酸も作られる．

3.2 匂いで間接防衛

匂いで行う誘導的な間接防衛もある．植物が被害を受けたときに出す匂いとして，瞬時に出すみどりの香りだけでなく，テルペンやフェノール系の匂いもあることは先に述べた．その匂いは，今現在植物に被害を与えている害虫を退治するような捕食性昆虫（以下，天敵とよぶ）を誘引するのである．このような，植物—植食性昆虫（害虫）—捕食性昆虫（天敵）のように，食う，食われるの関係に

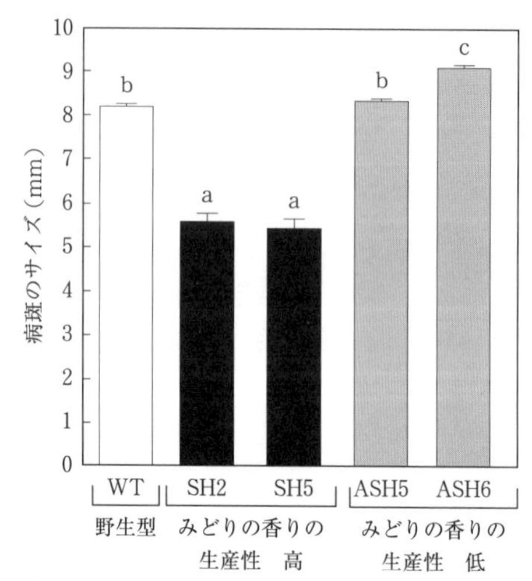

図 3.2　みどりの香りの生産量の異なるシロイヌナズナにおける灰色かび病による病斑の大きさの違い

異なる文字間に有意差あり（$p < 0.05$）．TukeyHSD 検定．

ある 3 つの栄養段階がつながったものを 3 者系とよぶ．マカランガのようなアリ植物は，害虫の天敵であるアリを常駐させる恒常防衛を行っているが（2.2 節参照），誘導性の匂いでつながった植物と天敵は，植物が害虫にやられたときのみ匂いを出し天敵を誘引するという，植物の必要時のみに発生する関係である．寡黙な植物だが，なかなかすごいことをしているのだ．このような植物と天敵の匂いを介した関係は，さまざまな 3 者系で知られている (Shiojiri *et al*., 2002b).

これから，私が大学院生時代から扱ってきた 3 者系に焦点を当て，植物と天敵の匂いを介した関係を見ていこう．

4

アブラナ科—コナガ—コナガサムライコマユバチの3者系

4.1 登場する虫と植物の紹介

コナガ (*Plutella xylostella*) は，漢字で書くと小菜蛾と記しなんとなく可愛らしい名前で，英語では diamondback moth というカッコいい名を持つ蛾で，その命名から人間に愛されているように思える（**図 4.1**）．しかし，コナガは熱帯から寒帯までの世界中に分布し，アブラナ科を食する難防除害虫として知られている．特に温帯の暖かい地域では発育期間が 3 週間程度（山田・川崎，1983）と大変短く，1 年間に 12 世代以上も繰り返すことができる．短期間で世代交代を繰り返せるおかげでさまざまな殺虫剤に対してすぐに薬剤抵抗性を獲得する．

コナガサムライコマユバチ (*Cotesia vestalis*) は，コナガの幼虫（以下，コナガ幼虫とよぶ）に卵を産み付け，孵化したハチの幼虫はコナガ幼虫の体を内部から食べ，自身が大きくなり蛹（さなぎ）になる直前にコナガの外皮をやぶって出てきて，小さい繭を作る幼虫内部単

(a)

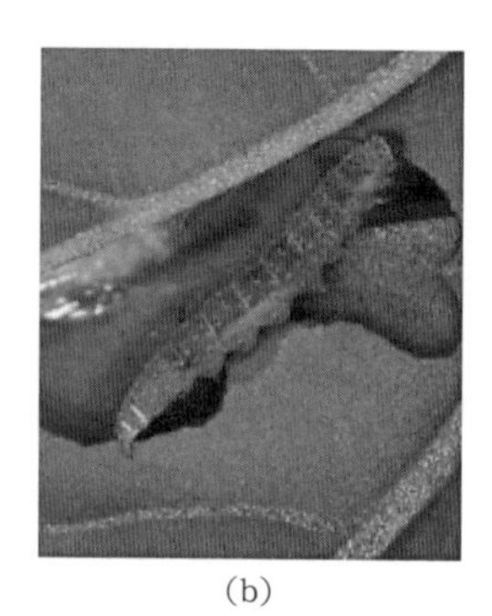

(b)

図 4.1　(a) コナガ成虫（背中にダイヤ形の模様がある），(b) コナガ幼虫
農研機構　安部順一朗氏提供．　→ 口絵 2

寄生蜂である（**図 4.2**）．日本ではコナガに寄生する寄生蜂の優占種として報告されている．季節にもよるが日本では，コナガ幼虫を飼育していると 3 割ぐらいはこのハチが姿を現してくる．コマユというだけあって，カイコの繭の 30 分の 1 ほどの小さな白い繭を作る．長年飼育しているが，成虫の姿も綺麗で，幼虫の姿はコナガ幼虫の中にいるので見えないし，糞なども外には出ないし，サムライという名を持つだけあって品のある寄生蜂という印象を，私は持っている．

最後に，植物として用いたのは，皆さんお馴染みのキャベツである．アブラナ科の野菜の代表格といってもいいかもしれない．研究では虫に食べてもらう必要があるので，無農薬栽培かつ植物育成室で育った温室育ちのキャベツである．

4.2 寄生蜂

ここで，寄生蜂について少し説明しておこう．コナガサムライコマユバチが幼虫内部単寄生蜂であると述べた．最初に「幼虫」とついているのは，寄生産卵する時期が，寄主（宿主のこと）が幼虫の

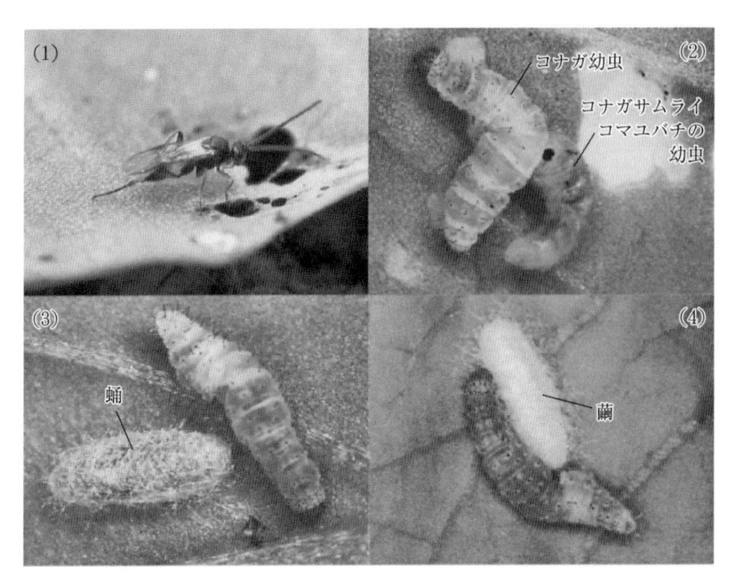

図 4.2　(1) コナガサムライコマユバチ成虫，(2) コナガ幼虫からコナガサムライコマユバチの幼虫が脱出する様子，(3) コナガサムライコマユバチの前蛹，(4) コナガサムライコマユバチの繭

農研機構　長坂幸吉氏提供.　→ 口絵 3

時期だからである．寄主が蛹の時点で寄生するものは蛹寄生蜂，卵の段階で寄生するものは卵寄生蜂とよばれている．次に「内部」とは，寄主の内部で生育するという意味で，ほかに外部に付着するものもある．また，寄主に 1 匹のみを産み付けるのが「単寄生」，複数匹を産み付けるのが「多寄生」と分類される．私がこれまで飼育をしてきた中で，アワヨトウの幼虫に寄生するカリヤサムライコマユバチという寄生蜂は，アワヨトウの幼虫 1 匹に 80 個もの卵を産み付ける．

もうすでに想像されているかもしれないが，一種の植食性昆虫には，複数の寄生蜂種が存在する．さらに，内部に寄生している寄生蜂に寄生する寄生蜂種まで存在するから驚きだ．寄主の虫の種数の数倍にもなる寄生蜂の種類がこの世に存在しているのである．

4.3 コナガサムライコマユバチの探索過程

コナガサムライコマユバチは，タマナギンウワバの若齢幼虫かコナガの若齢幼虫に産卵しなければ，成長できない．タマナギンウワバは，アブラナ科だけでなくマメ科，キク科にもつく害虫で，若齢期のころの見た目は，コナガとそっくりである．ただ，歩き方に違いがあり，尺をとって歩くのが，タマナギンウワバである．大きくなってくると前部は細いが後部が太いといったちょっと不細工な（私が思っているだけかもしれないが）形態になる．タマナギンウワバ，コナガの若齢といえば，3 mm 程度である．そして，コナガサムライコマユバチ自身も体長 5 mm 程度しかない．このような小さい寄生蜂が，さまざまな植物が混在する状況で，たった 3 mm の寄主幼虫をどうやって見つけ出すことができるのだろうか．

寄生蜂の探索行動は以下の 4 つの段階に分けて研究されている（**図 4.3**）．

1. 寄主の生息域にたどり着く段階（キャベツ畑を探す段階）
2. 生息域内で寄主幼虫のいる植物体にたどり着く段階（キャベツ畑で寄主がついているキャベツを探す段階）
3. 植物体に降り立ったあと，寄主幼虫にたどり着くまでの段階（キャベツ上で寄主を探す段階）
4. 寄主幼虫が産卵適齢期の幼虫かなどを調べる段階

この 4 つの過程で匂いが探索に重要になると想定されるのは，第 1 段階と第 2 段階である．

第 1 段階の過程の実験は，アオムシサムライコマユバチを用いて

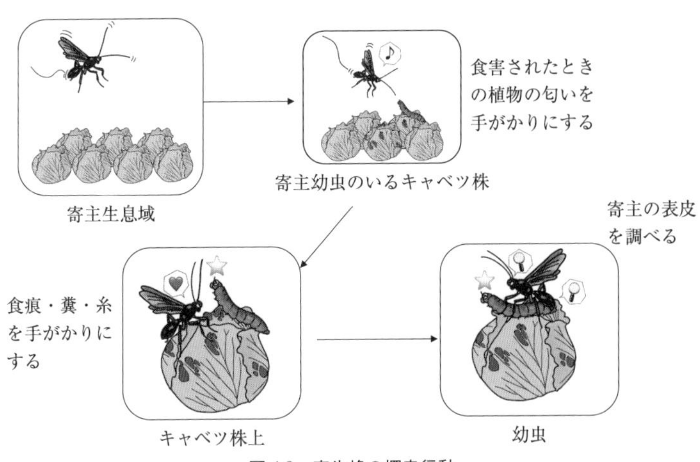

図 4.3　寄生蜂の探索行動
4つの段階に分けて研究されている.

行われた（堀越万有美，私信）．アオムシサムライコマユバチはモンシロチョウの幼虫（以下，モンシロ幼虫とよぶ）に寄生する寄生蜂である．44 cm×72 cm×54 cm のアクリルボックス（選択箱）の中に，モンシロ幼虫が食べるアブラナ科のイヌガラシ株と，モンシロ幼虫が食べないイネ科のトウモロコシ株を配置し，その間から産卵未経験のアオムシサムライコマユバチを放すのである．すると，ほとんどのアオムシサムライコマユバチは，イヌガラシ株の方に着地した（Takabayashi *et al*., 1998）．ここで使った植物は食害を受けていないものである．つまり，イヌガラシ株から出る匂いを探索の手がかりとしていると考えられる．

第2段階の過程は，私自身の研究例を紹介しよう（Shiojiri *et al*., 2000a）．先ほどより一回り小さい 25 cm × 35 cm × 30 cm の選択箱（**図 4.4**）に，今度はキャベツ株を用いるが，一方のキャベツ株は

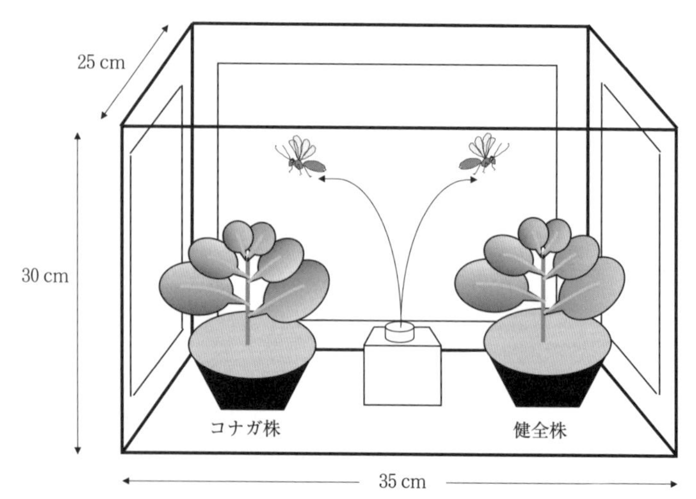

図 4.4　コナガサムライコマユバチの選好性を調べるための選択箱

コナガ幼虫に前もって食害させておいたものだ（以下，コナガ株とよぶ）．幼虫や糞からの手がかりをなくしておくために，選択箱に置く直前にそれらを取り除いておく．その状態のキャベツ株を片側に置き，反対側に健全なキャベツ株（以下，健全株とよぶ）を置く．そして先ほどと同様，その真ん中から，産卵未経験のコナガサムライコマユバチを放す．そしてどちらの株に最初に着地するかを記録すると，ほとんどのコナガサムライコマユバチは健全株よりもコナガ株に着地した（**図 4.5**）．単に傷がついたキャベツを好むのか，コナガに食べられたキャベツを好むのかを調べるために，パンチで人工的に穴をあけたキャベツを置いたときでも，ほとんどのコナガサムライコマユバチは，コナガ株に着地した．さらに，コナガサムライコマユバチの寄主ではないモンシロ幼虫に食害された株（以下，モンシロ株とよぶ）とコナガ株を比較したときでも，ハチはコナガ株の方に着地した．このことから，コナガが食害したキャ

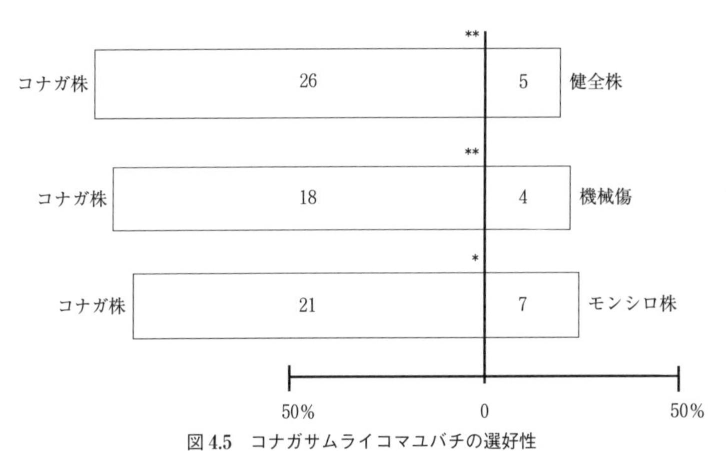

図 4.5　コナガサムライコマユバチの選好性

グラフ内の数値はその株に着地した個体数．＊：$p < 0.05$，＊＊：$p < 0.01$ で有意差あり（二項検定）．

ベツからなんらかの特別な情報が発信されていると考えられる．

4.4　キャベツの放出する匂いの違い

コナガサムライコマユバチはなんらかの情報をコナガ株から得ていると考えられるのだが，その情報源を絞り込むため，まずは視覚情報を排除する実験を行った．ネットでキャベツ株を覆うと視覚情報はなくなり，匂いだけが情報として使えることになる．その状態のキャベツを用いて同じ実験をしても，ほとんどのコナガサムライコマユバチはコナガ株に着地した．やはり，なんらかの匂い情報が発信されていると考えられる．

そこで，ガスクロマトグラフ質量分析計（GCMS，**図 4.6**）という揮発性成分を分析する機械で，キャベツの匂いを分析した．すると，健全株が出す匂いとパンチで穴をあけたときの匂い，モンシロ幼虫に食害されたときの匂い，さらに，コナガ幼虫に食害されたと

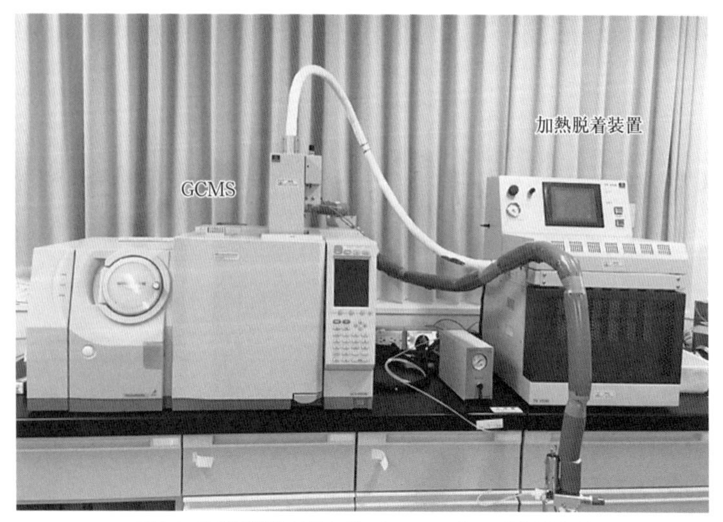

図 4.6　加熱脱着装置付きガスクロマトグラフ質量分析計

きの匂いとで，出されている成分自体に違いはないが，出される量やそれらのブレンド比が異なることがわかった（図 4.7）．この匂いブレンドを情報として，コナガサムライコマユバチはコナガがいるキャベツを見つけていると考えられた．

これを寄生蜂の視点ではなく，キャベツの視点から見ると，コナガに食べられているときにはコナガの天敵であるコナガサムライコマユバチに対して情報提供し，コナガの防除を行っているといえる．

4.5 匂いの調香師

キャベツは受けている被害によって出す匂いブレンドを変えていることが明らかになった．キャベツだけでなく，ダイコンやイヌガラシなどのほかのアブラナ科，インゲンやリママメなどのマメ科植物，イネやトウモロコシなどのイネ科植物など，さまざまな植物に

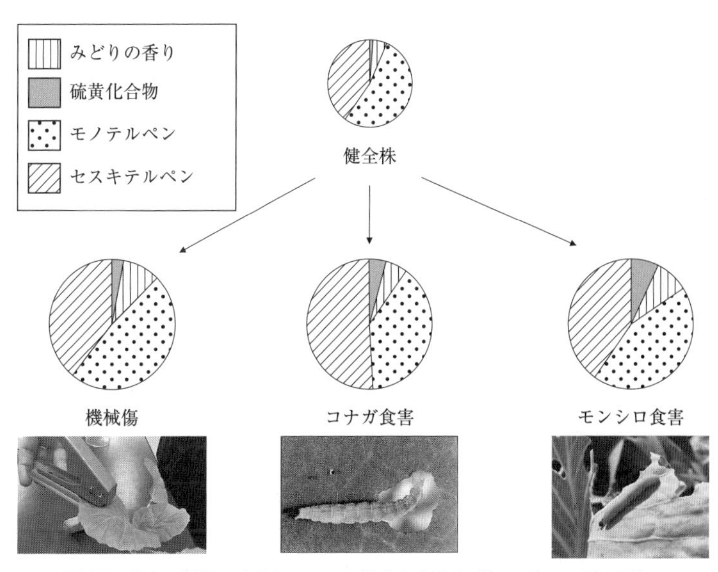

図 4.7　被害の種類によるキャベツの放出する香り（匂いブレンド）の違い
円グラフの大きさは匂い量を表す．　→ 口絵 4

おいても，被害を与えているものに応じて匂いが変化することが報告されている．

近年，アロマテラピーが流行し，匂いを調合することが身近になってきている．自分の好きな匂い，気分に合ったさまざまな匂いを組み合わせて調合するのは楽しい作業だ．植物も，いくつかの匂い成分をその状況に応じて調合し，匂いを放出しているわけだ．いわば，匂いの調香師といえる．

では，その状況，つまり，今，なににやられているのかをどのように認識しているのだろうか．考えられるのは，食べられ方の違いと，幼虫から出されるなんらかの特異的な化学成分によるものだと考えられる．実際，キャベツにパンチで穴をあけ，そこに，コナガ幼虫が口から出す吐き戻し液をつけてみた．するとそのキャベツ片に対して，コナガサムライコマユバチは，コナガの食痕と同じようにアンテナを激しく接触させるドラミングという行動をした．一方，吐き戻し液を塗布した濾紙には，反応しなかった．つまり，植物の成分と幼虫の吐き戻し液成分が合わさったことでなんらかの特異的な化学物質ができていると考えられる (Shiojiri *et al.*, 2000b).

幼虫の唾液成分を植物が感知しているということが報告されたのは，1992 年の Turlings らによる研究である．彼らは，トウモロコシの葉にやすりで傷をつけ，その上にシロイチモジヨトウの唾液成分を塗布すると，トウモロコシからシロイチモジヨトウに食われたときと同じ匂い成分が放出されることを実証した (Turlings & Tumlinson, 1992)．さらに，その唾液成分の中の物質を特定し，ボリシチンと命名している (Turlings *et al.*, 2000)．このように植物の誘導反応を引き起こす植食性昆虫由来の物質はエリシターとよばれるが，残念ながら，その後，エリシターとして新たに特定された物質はない．また，大口で葉をむしゃむしゃ食べる昆虫と，針のような口を刺して植物の液を吸う吸汁性昆虫とでは，植物が出す匂いは全く異なっている．このことから，植物が受ける物理的な刺激が引き金になっている可能性が示唆されている．

一方，食害している昆虫の視点に立つと，天敵を誘引するような匂いは，自分の身が危なくなるのだから出ないに越したことはない．近年，カイコが桑の葉を食べるときに，酵素を分泌しつつ食べており，この酵素は桑の葉の匂い生産を抑える働きをしていること，また，それによってカイコの天敵の誘引性が下がることが明らかになった (Takai *et al.*, 2018)．この報告は，まだ一例にすぎないが，植食性昆虫が勝るか，植物が勝るか，という植物と昆虫の軍拡競争を垣間見ているようだ．

かなり複雑…
コナガ3者系＋モンシロ幼虫

植物は，自身を食べている虫に応じた特異的な匂いを放出し，さらにその特異的な匂いに天敵が誘引されていることを第4章で説明した．しかし，家庭菜園のキャベツを見ても，そこらの雑草を見ても，1つの植物個体に1種の虫がついているだけではなく，複数種が存在し食害していることがあるだろう．葉についている虫を退治したと思っていたのに，裏を見たら別の虫もいた，というような経験だ．このような場合に，植物と天敵の関係はどうなるのだろうか．本章では，キャベツ—コナガ幼虫—コナガサムライコマユバチの3者系にキャベツを食べる虫としてモンシロ幼虫を介入させた実験の結果を紹介する（図5.1）．

5.1 コナガ幼虫とモンシロ幼虫の同居

コナガ幼虫とモンシロ幼虫を採集しに，京都市内の畑や堤防を回り，立ち止まって見つけたアブラナ科を集めているうちに，なんとなくこれにはコナガがいそう，いなそう，というのがわかるように

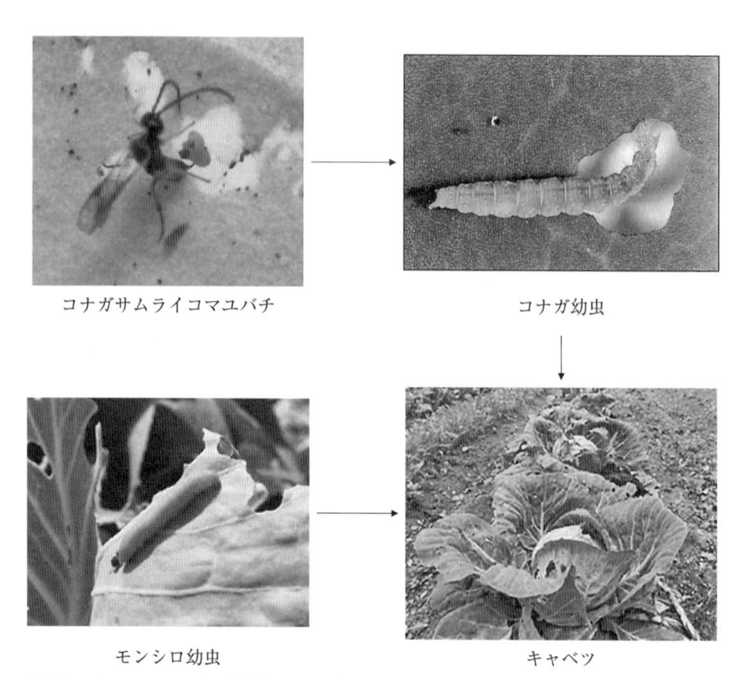

図 5.1　キャベツ—コナガ幼虫—コナガサムライコマユバチの３者系にモンシロ幼虫が介入　→ 口絵 5

なってきた．それは，ある虫がいればコナガはいない．でも，この虫がいればコナガがいるかもしれない．という感覚である．“ある虫がいるとコナガはいない”代表昆虫の一つは，ニセダイコンアブラムシ（**図 5.2a**）である．このアブラムシが葉を食べると，コナガが好む新芽の場所が，私から見てもまずそうになる．また，葉と葉の間に糞がたくさん落ちているものの幼虫がいないようなときは，主にヨトウムシ（図 5.2b）による被害だ．ヨトウムシは，葉の隙間に潜んでいたりして，ギョッとさせられるときがある．このヨトウムシの被害に遭っているキャベツにも，コナガ幼虫はあまりい

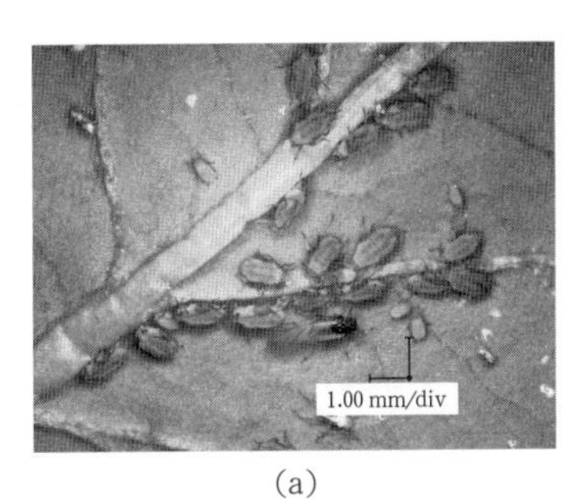

(a)　(b)

図 5.2　(a) ニセダイコンアブラムシ，(b) ヨトウムシ　→ 口絵 6

ない感覚がある．

一方，この虫がいればコナガがいるという虫はモンシロ幼虫だ．モンシロ幼虫がいる畑ではコナガ幼虫がそこそこ採れるのである．しかしながら，たくさん幼虫が採れたので，コナガサムライコマユバチも確保できただろうと思っていても，期待外れで寄生されているコナガ幼虫が少なく，がっかりしたことがたびたびあった．この経験は，その後の私自身の研究結果から解き明かされ，納得することになる．

5.2 一緒に食べたら？

さて，このように同居することが多いコナガ幼虫とモンシロ幼虫であるが，両種が食害した場合，キャベツが放出する匂いはどうなるだろうか？　また，コナガサムライコマユバチの選好性はどうなるのだろうか？

まず，両種に食害されたキャベツの匂いを分析した．すると，コナガ幼虫のみに食害されたときに出る匂いとモンシロ幼虫のみに食害されたときに出る匂いとは，成分は同じであるがそれぞれのブレンド比が異なることが明らかになった（**図 5.3**）．となると，特異的

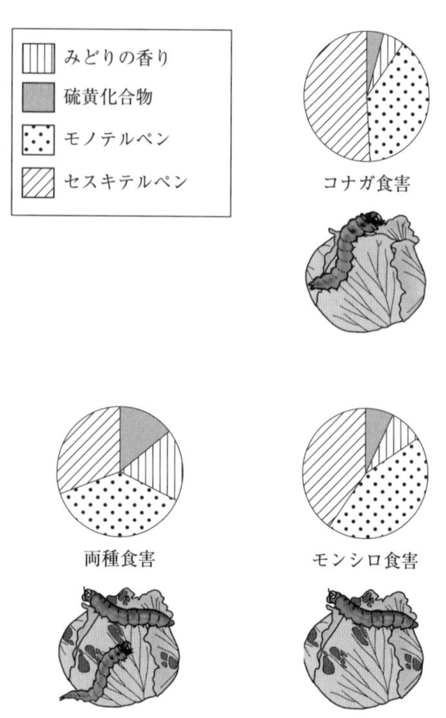

図 5.3　コナガ幼虫とモンシロ幼虫と，その両方に食害されたときにキャベツの放出する香り（匂いブレンド）の違い

な匂いを利用して探索を行っていたハチの選好性にも影響が出るはずである．コナガ株と，両種に食害されたキャベツ株とを配置し，コナガサムライコマユバチの選好性を調べてみた．その結果，コナガサムライコマユバチは，両種に食害されたキャベツは選ばず，コナガのみに食害されたキャベツを選んだ (Shiojiri *et al.*, 2001)（**図 5.4**）．また，両種の食痕がついている葉片に対する探索行動を調べてみると，コナガ幼虫の食痕が同程度ついている葉片でも，モンシロ幼虫の食痕が加わると，明らかに短い探索しか行わなかった．

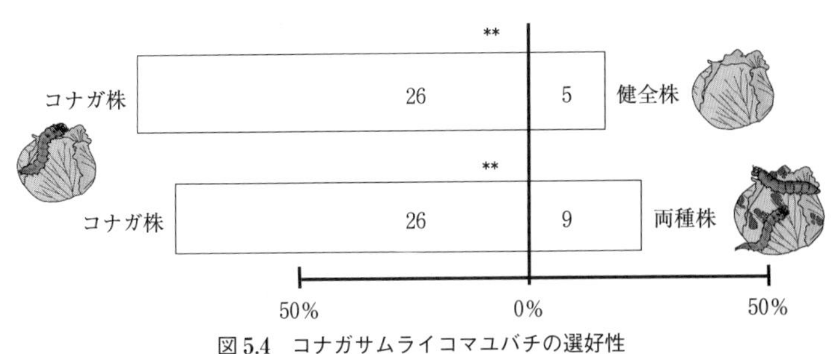

図 5.4　コナガサムライコマユバチの選好性

グラフ内の数値はその株に着地した個体数．**：$p < 0.01$ で有意差あり（二項検定）．

コナガサムライコマユバチは，モンシロ幼虫が同時に食害しているキャベツ株は選ばない．仮に選んだとしてもあまり探索行動は持続させないのだ．となると，実際の寄生率も異なってくるはずである．

6畳ほどの人工気象室を使ってハチを放飼し，自由に寄生させる実験を行った．実験前日から，一方のキャベツ株には25匹のコナガ幼虫に，もう一方のキャベツには25匹のコナガ幼虫と10匹のモンシロ幼虫に摂食させる．そして，実験当日，その2株を人工気象室で1mほど離して配置し，10匹の産卵未経験のコナガサムライコマユバチの既交尾雌を放飼する（**図 5.5**）．選好性実験でも同じだが，既交尾かつ産卵未経験のハチを使うのには理由がある．まず，交尾をしていないハチはあまり産卵衝動が高くない．そして，産卵を経験しているハチは産卵したときの匂いを学習し，次の探索に活かすということがあるからだ．また，虫を使った実験をするときにほかに注意している点は，ある程度同じ時間帯に実験を行うことだ．

朝の10時からハチを放し，午後3時にキャベツを回収し，コナガ幼虫を育てる．そして数日後に寄生されていたか，されていなか

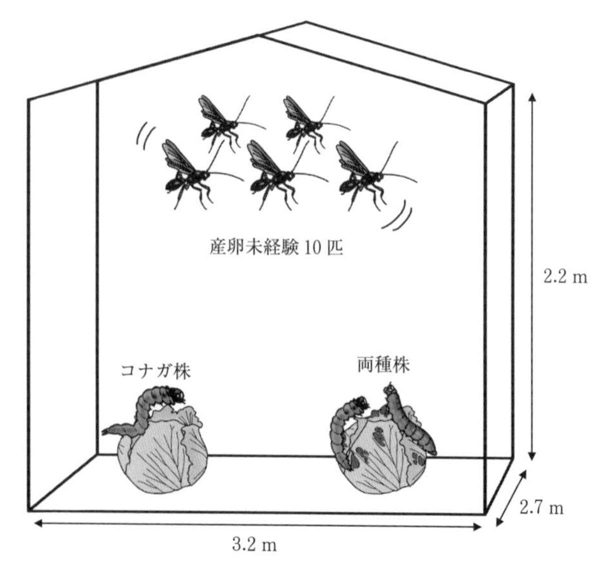

コナガ株：コナガ幼虫 25 匹
両種株：コナガ幼虫 25 匹＋モンシロ幼虫 10 匹

図 5.5　人工気象室での寄生率実験

産卵未経験のコナガサムライコマユバチの既交尾雌 10 匹を放飼し，産卵させる．

ったかの結果が出る．6 畳ほどの空間内でたった 10 匹のハチがちゃんとコナガ幼虫を見つけて寄生してくれているのか？　と不安に思っていたが，寄生してくれるどころか期待していた通りに，どの日の実験においても，コナガ幼虫のみが存在していたキャベツ株での寄生率が，モンシロ幼虫と同居しているキャベツ株にいたコナガ幼虫のコナガサムライコマユバチ寄生率より高くなった（**図 5.6**）．

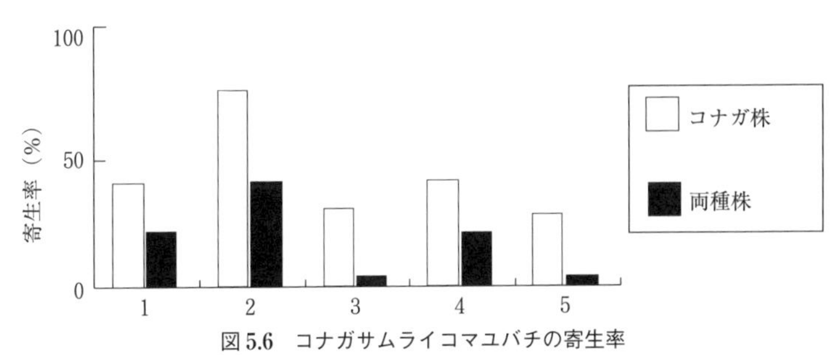

図 5.6　コナガサムライコマユバチの寄生率
同じ実験を5回繰り返した．5回とも，コナガ株での寄生率が両種株に比べて，高い．

5.3 なぜ，コナガサムライコマユバチはモンシロ幼虫がいる株を好まないの？

コナガ幼虫が同数いるのにもかかわらず，コナガサムライコマユバチがモンシロ幼虫といる株を選ばない理由はなんだろう？　行動の理由を考えるとき，大きく2つの考え方がある．1つは，その行動を引き起こす直接的なメカニズムである．もう一方は，その行動を起こすに至った進化的なメカニズムである．前者は，至近要因，後者は究極要因とよばれている．

まず，至近要因から考えてみよう．コナガサムライコマユバチは，コナガ幼虫が食害したときに放出される匂いに誘引され，モンシロ幼虫が同時に食害したときに放出される匂いには誘引されなかった．そこで，コナガ幼虫が食害したときのみに放出される匂い物質を探してみたところ，そのような物質は見当たらなかったが，いくつかの成分は，より多く出されていることがわかったので，その成分に誘引されているのかを，選択箱の実験で調べてみた．健全株の根元に，成分を塗布した濾紙と，溶媒のみを塗布した濾紙を配置するのである．しかし，どの成分においても誘引性は見られなかっ

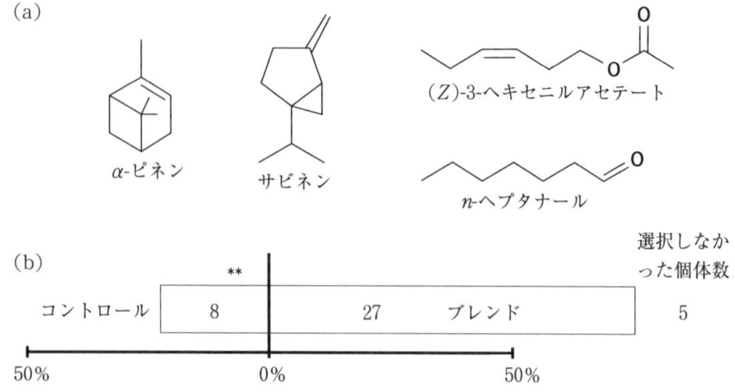

図 5.7 (a) コナガサムライコマユバチの誘引成分と，(b) その選好性
グラフ内の数値はその株に着地した個体数．**：$p < 0.01$ で有意差あり（二項検定）．

た．そこで，顕著に出ている 4 つの成分をその濃度に合わせてブレンドしたものを同様に置いたところ，誘引性が見られることが明らかになった（**図 5.7**）．つまり，4 つの匂いの特異的なブレンドが，コナガサムライコマユバチを誘引するのには重要であることが示唆された．実際，匂い分析をしてみたところ，コナガ幼虫単独食害のときと，両幼虫が同時に食害したときとでは匂いブレンドに変化があった．そのため，コナガ幼虫とモンシロ幼虫が同時に食害すると，その匂いブレンドが変化し，そのキャベツが選ばれなかったということが考えられる．

次に，究極要因を考えよう．モンシロ幼虫が食害している株にいるコナガ幼虫に寄生することで，コナガサムライコマユバチはなにかしら不利益を被るために，そちらには行かない理由を考えるのである．考えられる理由の一つは，モンシロ幼虫は大食であるので寄生されたコナガ幼虫が食べる量が減るというデメリットである．しかし，キャベツ株も大きく，食べ尽くされるまでには至らない．この仮説は却下である．コナガサムライコマユバチの寄生産卵行動を見ていると，コナガ幼虫に出会った瞬間に産卵管を突き刺す．これは，コナガ幼虫の逃げ足がとても速く，触れた瞬間に後ずさりをしたり，葉から糸でぶら下がったり，という行動を起こす前に寄生するためだと考えられる．コナガ幼虫に出会う前は，丹念にコナガ幼虫の吐いた糸や食痕を探すが，幼虫を見つけるや否や寄生産卵することから，もしかして，モンシロ幼虫がいると間違って，寄主ではないモンシロ幼虫に産卵してしまうのかもしれない，と考えた．そこで，コナガ幼虫が食害したキャベツを食痕がついた状態で切り取り，そこに同じ大きさのモンシロ幼虫を置き，コナガサムライコマユバチに提示したところ，コナガサムライコマユバチは産卵管を刺し，産卵までしてしまっていた．このことから，コナガサムライコマユバチは，寄生産卵の間違い回避のために，モンシロ幼虫のいる株に行かないということが示唆される．

5.4 コナガ幼虫の母親の立場になってみよう

かなり複雑な関係が，キャベツ上で絡み合っているのが理解できただろうか？　さらに，もう1つここで，登場人物もとい，“登場虫”を入れ込もう．それは，コナガ幼虫の母親のコナガ雌成虫（コナガ母親）である．ここまでは，コナガの幼虫が登場していたが，今回は蛾になった成虫の方である．上述したdiamondback mothの名前は，実は成虫の翅（はね）の模様に由来しているらしい．翅を閉じるとトランプのダイヤの形がつながって見えるからだ（図4.1a）．

コナガ幼虫は，母親が産卵した植物株で，大きくなり蛹にまでなる．つまり，産卵された場所が成虫になるまでの，食べ物そのものでありまた住む場所でもある．その場所が幼虫の食べられないものだったり，あるいは外敵にさらされるような危険な場所である場合，幼虫は蛹にまで成長できない．つまり，母親は，自分の子どもを成長させてちゃんとした大人になるために，より良い場所に産卵するはずである．これは人も虫も同じ想いだろう．

そこで，コナガ母親がキャベツ畑に入ったとき，どのようなキャベツを選んで産卵するのかを考えてみる．キャベツ畑には，全く無傷の株，コナガ幼虫が食害している株，モンシロ幼虫が食害している株の3つがあったとする．さて，コナガの母親はどこを選ぶだろうか？

寄生蜂の選好性を調べるときと同じ選択箱を用いて，実験を行った．最初に，無傷のキャベツ株と24時間モンシロ幼虫に食害された株（しかし，モンシロ幼虫は取り除いてある）を配置し，そこに既交尾の雌成虫を放す．24時間後，それぞれの株に産み付けられた卵の数を数えた．結果，圧倒的に，モンシロ株への産卵が健全株に比べて多くなった．これは，何回繰り返しても同じで，コナガ母親はモンシロ株を選んでいることが明らかになった．コナガ母親がモンシロ株を選ぶのは，キャベツに傷がついているため，その場所に凹凸ができて産卵しやすいからかもしれないということで，次にモンシロ幼虫に食害された株と，コナガ幼虫に食害された株や，パンチで穴をあけた株とを比べてみた．この比較においても，モンシロ株への産卵が多かった（**図 5.8**）（Shiojiri *et al.*, 2002a）．また，コナガは日没時と夜明け時の2回に産卵することから（Uematsu & Yoshikawa, 2002），視覚的にモンシロ株を選んでいるのではなく，モンシロ株から放出されている匂いを選好していると考えられる．

この産卵選好性は，非常に理にかなっている．つまり，モンシロ株に産卵されたコナガが孵化しキャベツを食害し始めると，両種食害株になり，コナガ幼虫がいたとしても，ほかの株よりも，コナガ幼虫の天敵となるコナガサムライコマユバチが来ない場所になるの

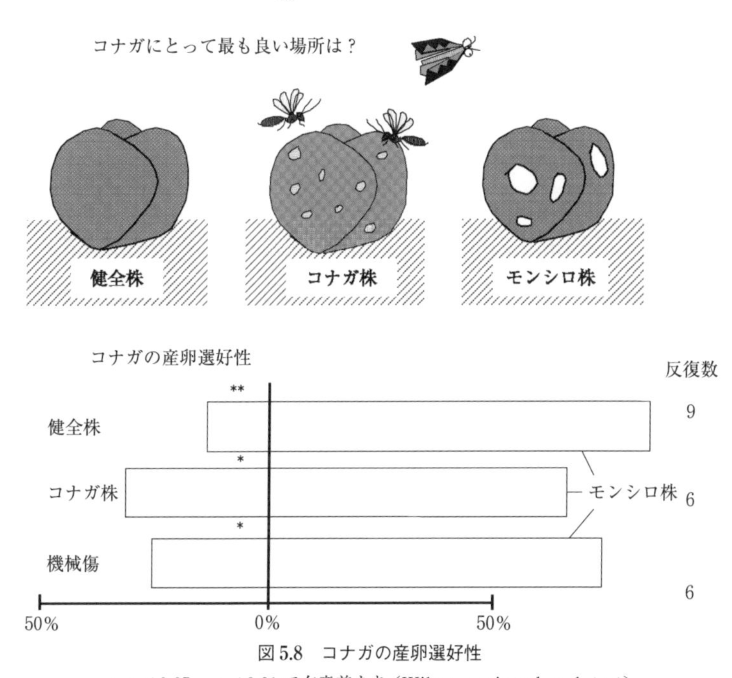

図 5.8　コナガの産卵選好性

*: $p < 0.05$, ** < 0.01 で有意差あり（Wilcoxon signed rank test）.

である．つまり，コナガ母親は，将来を見越して自分の子どもが最も安全に成長できる場所を選んでいることが示唆された．

5.5 匂いでつながる生物たち

植物を食べる虫，そしてその虫を食べる虫．食う，食われるという関係でつながる生物だが，実は，植物が食べられたときに出す匂いというもので，食う，食われる関係では直接的につながっていなかった生物が強い関係性を持っていることが明らかになった．具体的には，コナガサムライコマユバチはコナガ幼虫が食害した植物か

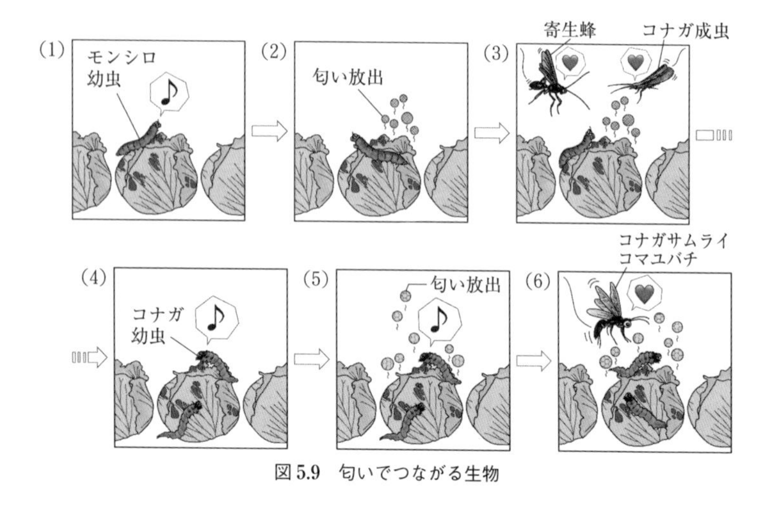

図 5.9　匂いでつながる生物

ら放出される匂いで，コナガ幼虫を探索し（4.3 節参照），コナガ幼虫とモンシロ幼虫は，同じ植物を食べるもの同士だが，コナガ幼虫は，モンシロ幼虫がいるおかげで，コナガサムライコマユバチによる危険度を下げることができているのである．そして，そのような場所を，コナガ母親はモンシロ幼虫に食害されたキャベツの匂いを感知して探しているのである（Shiojiri, 2002b）．

時間経過順で見てみると，植物がモンシロ幼虫に食べられる (1)→ 植物から匂いが出る (2)→ その匂いでアオムシサムライコマユバチやコナガ成虫がやってくる (3)→ コナガ幼虫がたくさんつき植物を食べる (4)→ 植物から匂いが出る (5)→ モンシロ幼虫がいなくなったあとは，コナガサムライコマユバチがやってくる (6)…ということになる（**図 5.9**）．こう考えてみると，ビリヤードのような，最初にどの角度で球をつくかによってその後の様相が変容することがわかる．2 種の生物の関係が実は，さまざまな生物にまで影響を及ぼしているのだ.

現在，多様な生物が存在している．お互いに関わりがないように感じる生物同士でも目に見えない匂いなどで間接的に関係し，共存し合っているのだ.

農業への展開

ここまでに登場した虫の中で，誰もが知っている有名な虫といえば，モンシロチョウだろう．また，キャベツを育ててみると，なにもしなければキャベツを無残な姿に変えてしまうのもモンシロ幼虫だろう（**図 6.1**）．しかし，アブラナ科野菜を栽培する農家さんにおいては，モンシロ幼虫よりもコナガの方が厄介ものである．コナガは年間で 10〜12 回も世代交替を繰り返せるので，殺虫剤に対する抵抗性を獲得しやすい．また，モンシロチョウのような大型の害虫は作物を網掛けするだけで産卵は防げるが，コナガは小さいのである程度の網目ならくぐり抜けられる．さらに，より細かい網でもお尻を穴から出して産卵したり，網に産卵したりするので，非常に厄介で，難防除害虫に指定されている．

そこで，私たちは，コナガの被害を抑えるためにコナガの天敵であるコナガサムライコマユバチを使えないかと考えたわけである．本章では，農業への展開を試みた話をしよう．

図 6.1　モンシロ幼虫に食べられたキャベツ

6.1 コンセプト

これまでに説明した通り，一般に植物は，虫（害虫）に食べられるとその害虫の種に応じた匂いを出す．そしてその匂いを嗅いだ捕食者（害虫の天敵）は，その匂いに惹かれてやってきて餌や寄主となる害虫を探し出し，植物を食べている害虫を撃退する．人が手を出さなくても，自然界ではこういうシステムができあがっているのだが，植物が作物である場合，少しでも早く害虫を撃退しなくては，市場に出すことはできなくなる．

そこで，被害が多くなる前から天敵を圃場に誘引し，常にパトロールさせせることができれば，害虫が植物を食害したらすぐさま退治してくれるのではないか，と考えられたわけである（**図 6.2**）．

図 6.2　天敵誘引剤を用いて天敵を誘引するイメージ
小原義嗣氏提供.

この研究は，京都大学生態学研究センターの高林純示教授が代表となり，近畿中国四国農業試験場，中央農業試験場，四国電力株式会社，曽田香料株式会社がコンソーシアムを組んだ.

6.2 誘引源

コナガ幼虫が食害したアブラナ科は，コナガサムライコマユバチを誘引する匂いを放出することは，上述した．その中でも，キャベツの匂いは，ダイコンや白菜，イヌガラシよりも，より誘引性が高いことがわかった．そこで，キャベツから放出されている匂いに注目した．また，コナガサムライコマユバチはキャベツがほんの少し食べられた場合にも反応して選好性を示し，その選好性は被害の多少にかかわらず同程度であった（**図 6.3**）．つまり，ほんの少しの食害で放出され，しかも被害の量にかかわらず同程度放出されている匂い物質が，コナガサムライコマユバチの誘引に関わっているのではないかと考えた．その匂い成分は，(Z)-3-ヘキセニルアセテート，*α*-ピネン，*n*-ヘプタナール，サビネン，ミルセン，リモネン，樟脳の 7

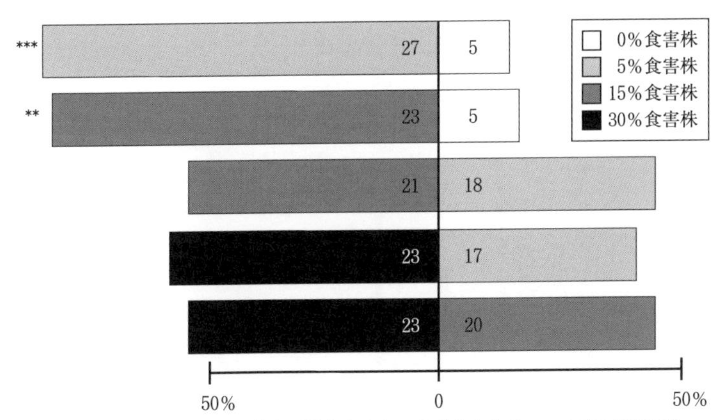

図 6.3　コナガ幼虫による食害の程度(%)とコナガサムライコマユバチの選好性
グラフ内の数値は，誘引された個体数．**：p <0.01，***：p <0.001 で有意差あり(G-test)．

種であった（**図 6.4**）．どの匂いに誘引されているのかを明らかにするため，各匂い成分を染み込ませた濾紙を健全キャベツの根元に置き，コナガサムライコマユバチの選好性を調べた．**図 6.5** は，このうちのいくつかの匂い成分のコナガサムライコマユバチの誘引性を示す．これまでの選好性実験は，2 択のうち，どちらか一方が選ばれるということが多く，自分の予想が当たったり，当たらなかったりでなかなか面白かったのだが，この実験では，どの成分においても選好性が見られず，「コナガサムライコマユバチの調子が悪いのかな？　飼育方法を変えたんだったっけ？」と思うぐらいだった．さらに，濃度が問題なのかもしれないと考え，濃度を変えて実験してみたが，いずれの成分にも明らかな選好性は見られなかった．

そこで，「エイヤッ」と 7 種の中でも特に多く放出されている 4 種（(Z)-3-ヘキセニルアセテート，α-ピネン，n-ヘプタナール，サビネン）を混ぜて誘引性を調べた．すると，コナガ株のように明らか

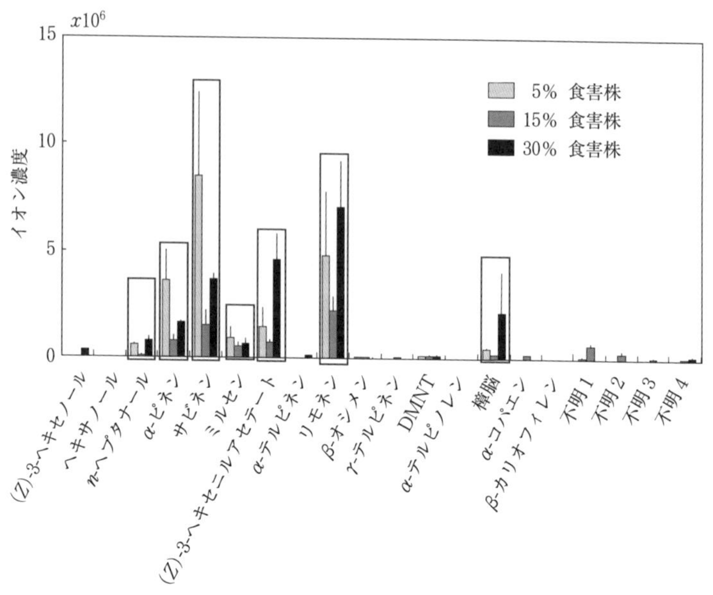

図 6.4　コナガ幼虫による食害の程度 (%) とキャベツの放出する匂い成分

にではないが，コナガサムライコマユバチは，これら 4 種をブレンドした匂いに誘引された．日を分けて同じ実験を 3 回繰り返したが，いずれにおいても同じ結果が得られた (Shiojiri *et al.*, 2010)，(図 5.7b)．

その後，ほかの匂いを混ぜてみたり，配合比を変えたりといろいろ試し，最も良いブレンド比を決定した (Uefune *et al.*, 2012)．

6.3 空間拡大

さて，コナガサムライコマユバチを誘引する最も良いブレンド比は見つかったので，次はどの濃度が最適かを明らかにすることになった．私の実験系は，選択箱なのでその空間は 25 × 35 × 30 (cm^3)

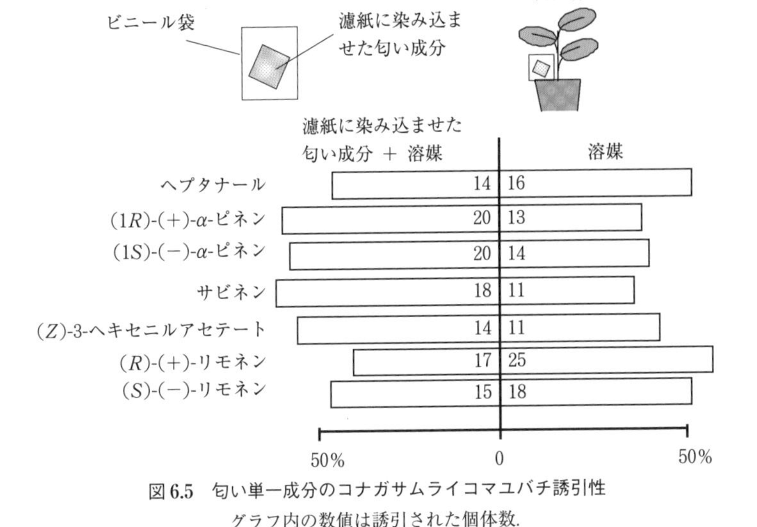

図 6.5 匂い単一成分のコナガサムライコマユバチ誘引性
グラフ内の数値は誘引された個体数.

の広さである．また，これまでは匂いの希釈のためにヘキサンを使っていたが，より実用化するためには，匂いが一気に揮発してしまうのではなく，同じ濃度で継続して揮発する（徐放性を保つ）必要がある．そこで，徐放性を持たせるための溶媒（TEC）にブレンドを溶かし匂い濃度を変えて，この選択箱の空間において最も良い誘引性の濃度を明らかにした．ここから先の実験は次の人にバトンタッチである．より大きな空間での最適濃度を見つけるのである．それは，大きなガラス温室がある四国総合研究所（四国総研）で行われた．しかし，思うような結果が出ず，濃度が高すぎるとコントロールの方にも匂いがいってしまったり，上流に置いたとしても空気が循環しているので数時間後には混じり合ってしまったり，空気の流れが速すぎてハチが目的地まで飛翔できないなどさまざまな要因があり，それらを克服するのはとても大変であった．しかし，いったん実験方法が確立すると，あとは実験を繰り返すだけなので，労力と時間はいるが，結果が出てくる．実験法の確立がとても大変であることを，研究を続けてきて初めて実感したのを今でも覚えている．

四国総研での実験の結果（Ohara *et al*., 2017），匂いは空間に断続的にある方が効果が高いことが明らかになった．また，徐放性を保つために，1 cm × 2 cm のパルプ製マット（ベープマットのようなもの）に匂いを染み込ませ，それを透過性フィルムで覆ってやると 1 カ月程度は同じ濃度で匂いが放出されることも，曽田香料株式会社の研究報告からわかってきた．そこで，匂いを塗布したそのマットを断続的にシートに配置したもの（**図 6.6**）を，実際のミズナ圃場に吊り下げて，コナガサムライコマユバチの誘引性とコナガ防除効果を調べる段階に入った．

6.4 ミズナハウス

ところで，コナガサムライコマユバチの幼虫の食べ物はコナガ幼虫である．では，コナガサムライコマユバチの成虫の食べ物は？と問われると，その答えは花蜜である．実際，コナガサムライコマユバチの継代飼育をしているときも，必ず，少し水で薄めた蜂蜜を脱脂綿に含ませたものを飼育ケースに入れている．

しかし，ミズナハウスの中を見てみると，花一つない（**図 6.7**）．このような環境に匂いで誘引されても，自身の食べ物がないので，すぐに立ち去ってしまうだろう．コンソーシアムのメンバーである中央農業総合研究センター（以下，中央農研）は，餌を与えない場合のコナガサムライコマユバチ雌成虫の生存日数は 2 日であるのに対し，餌を与えた場合には，18 日と約 9 倍にも延びることを明らか

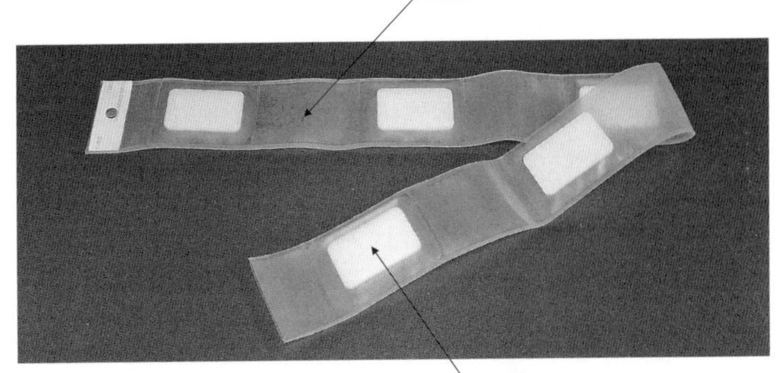

図 6.6　誘引剤．パルプ製マットに誘引成分を塗布し，透過性フィルムで包み徐放性を保つ．

名城大学　上船雅義氏提供．

にしていた．さらに，1 日当たりの最大産卵（寄生）数は，餌を与えた場合に 20 匹，与えなかった場合には 10 匹であった．このことから，餌を与えた場合には，1 匹のコナガサムライコマユバチは生涯において約 94 匹のコナガを撃退することが算出された．これは，餌を与えなかった場合の約 12 倍にも当たる (Urano *et al*., 2011)．

中央農研では，蜂蜜を与える装置の開発にあたった．どのような装置で最も効率良く給餌できるか，また，どの餌が適当なのかを明らかにしていった．その結果，脱脂綿に餌が吸い上げられるような形状で，さらに蓋の色は黄色にすることでよりハチが寄り付くことがわかった．その配置においても検討がなされ，地面に置いてしまうと作業をするのにも邪魔になり，また蟻にたかられるので，ハウスにある鉄棒にホルダーをつけ，そこに配置することになった．ハチの誘引剤はその上に吊り下げ，2 週間に 1 度の割合で取り換えることになった (Shimoda *et al*., 2014)（**図 6.8**）．

図 6.7　ミズナハウス内の様子
ハウス内には天敵の餌となる蜜源がない．　→ 口絵 7

6.5 野外調査

野外調査は主に生態学研究センターの上船雅義氏（現在，名城大学准教授）と 2 名の実験助手が行った（本当は，本節にまとめた調査の苦労ややりがいなどは，上船氏に託したいところであるが，私が把握している範囲で書かせてもらう）．2006 年と 2008 年の 2 年間において，4 月上旬から 10 月までの間，2 週間に 1 度途切れること

図 6.8　ミズナハウスに天敵誘引剤（天敵クール（コナガ））と天敵餌源（天敵ゲンキ）を配置した様子　→ 口絵 8

なく，滋賀県瀬田にある生態学研究センターから京都府美山町までの約 70 キロを往復するのである．調査の目的はコナガやコナガサムライコマユバチの発生消長を調べることで，そのために粘着トラップの回収と誘引剤や給餌装置の取り換えを行った．距離的にも調査的にも文字にするとたいしたことなさそうに聞こえるかもしれないが，往復 4 時間の山道の運転で暑い中の回収は本当に大変だったことだろう．実験助手の方から「最初の数回はドライブ気分で楽しくて，お昼もどこで食べようかなんて話していたのだが，途中からはやれやれ，またこの日がきたか，と思うようになるぐらい疲れた」と聞いていた．

彼らは 7 つの農家さんに協力してもらい，約 20 のミズナハウス

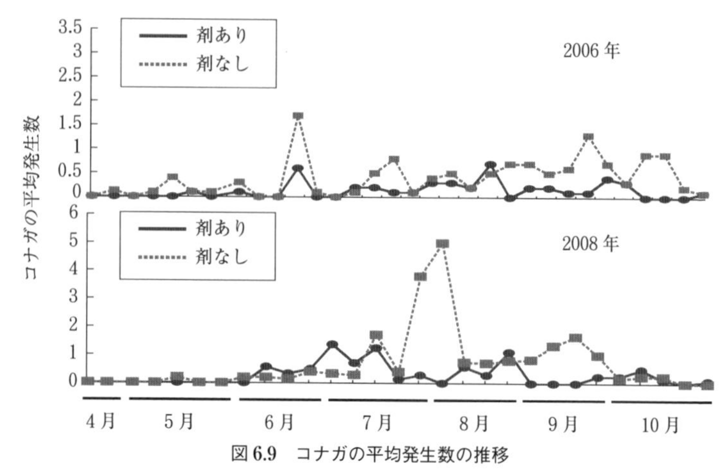

図 6.9　コナガの平均発生数の推移

2006 年と 2008 年の両年とも，誘引剤と給餌装置を置くことでミズナハウス内のコナガ発生率が 50% ほど低くなった（Uefune *et al.*, 2020 より引用し改変）.

を調査対象にしていた．そのうち半分には誘引剤と給餌装置を置き，残り半分は対照区にした．農家さんによってミズナ管理の仕方が違うので，いくつかのハウスを持っている農家さんにおいては，そのうちの半分がコントロール，半分が処理ハウスというような設定であった．さて，結果であるが，努力の甲斐があり，2006 年と 2008 年の両年とも，誘引剤と給餌装置を置くことでミズナハウス内のコナガ発生率が 50% ほど低くなった（Abe *et al.*, 2020），（Uefune *et al.*, 2020），（**図 6.9**）.

6.6 現在の状況

私たちの思惑通り，コナガサムライコマユバチの誘引剤と給餌装置を用いることで，コナガの被害を抑えることができた．しかし，残念ながら，いまだ製品化にまでは至っていない．これは，2 つの大きな壁にぶち当たっているためである．

1つ目は，害虫を防除するということを謳い文句に挙げると，「農薬登録」というものをしなければならないことである．使用する定着剤は農薬をできるだけ減らすための剤で，その剤は植物からも出されている匂い成分であるにもかかわらず，農薬に分類されてしまうのだ．さらに，農薬登録をするには，成功例が6例必要で，最低でも2年間は試験をする必要がある．仮に2年で申請を目指すのであれば，1年に異なる3カ所で「効果あり」という評価をもらわなければならないのだ．このため，まずはその研究を受けてくれる施設を探す必要がある．一般に農薬は，散布すればすぐに害虫は死ぬので試験が比較的簡単であるが，この誘引剤においては，その空間にコナガサムライコマユバチを滞在させる，あるいはパトロールさせることで，害虫の発生を抑えるという効果であるため，試験が難しく非常に労力がかかる．全く新しい農薬ということで，効果ありという基準がしっかりと決められておらず，コナガの発生数が減っても効果ありという評価をもらえない場合もあった．

2つ目は，コストの面である．4つの成分のうち，サビネンがとても高いのである．サビネンはヒノキの葉に含まれている成分で，精油として製品があるのだが，100 mg で5万円ほどする．そのため，この誘引剤1本で210円ぐらいの換算となってしまった．そうなると，現在使われている農薬よりも高くなってしまい，おそらく販売は難しいだろうという結論に至った．この点に関しては，サビネンに代わる安価な匂い成分でも同様の誘引性が見られないかという検討を行っている．

6.7 植物の匂いを使った害虫防除

植物は虫に食われると，食べている虫に応じて異なった匂いを放出する．そして，その異なった匂いにその虫の天敵が誘引される．つまり，害虫ごとにそれぞれの匂い誘引剤を作ることができ，その害虫の天敵を特異的に誘引することができると考えられる．あらゆる虫に対して作用する農薬は，生態系リスクが高く，害虫を食べてくれる捕食性昆虫などの天敵まで殺してしまい，逆に害虫が増えてしまうというリサージェンスを引き起こす可能性が高い．しかし，特定の害虫にのみ有効な誘引剤は，それらのリスクがない．

特に私たちが作ろうとしている誘引剤は植物の匂い成分と同じなので，環境負荷がなく，また食品添加物にもなっている成分なので人体にも無害である．今は足踏みしている研究プロジェクトであるが，ぜひともこのような害虫防除薬を開発し，世に送り出したいという野望を抱いている．

第2部

植物と植物

7

植物間コミュニケーション

本章のタイトルを見て，「植物がコミュニケーション？！　ホント？」と思われたかもしれない．でも，実際に植物同士で，情報のやりとりをしているのである．情報の伝達方法は，動物が主に使う音でも，人が使う文字でもなく，それは，匂いである．植物は匂いを発するだけでなく，その匂い情報を利用している．本章では，匂いを介した植物間コミュニケーションについて解説する．

7.1 研究の歴史

Plant communication あるいは，Plant talk という言葉は，今から約 40 年前の 1983 年に 2 本の科学論文で報告された．1 つ目は，ヤナギが虫に食害されると，隣の食害されていないヤナギ個体もが，葉の質を悪くして虫に対する防衛を高めていたことを報告するものだった (Rhoades, 1983)．もう 1 つは，サトウカエデを用いた研究で，ダメージを受けたサトウカエデの近くの個体の葉では，防衛物質のフェノールとタンニンの量が多くなったというものであ

る (Baldwin & Schultz, 1983). つまり，植物間コミュニケーションは，他個体から放出された匂いを受容することで，なんらかの抵抗性を持ち，被害を低減させるという仕組みである．同じ年に別の研究グループが異なる植物を用いて同じテーマに関する研究成果を発表しているのは非常に興味深いが，第 1 部で紹介した，虫に食われた植物が出す匂いを天敵が餌や寄主の探索の手がかりにしているという研究（3 者系）が発表されたのも，実は同じ 1983 年である．特集号でもなくそれぞれ別の学術論文に発表されたというのは，植物の匂いの研究において，なにか因縁を感じる．

3 者系の研究ではその後着々と報告数が伸び，研究が発展していった一方，植物間コミュニケーションの研究は足止めを食らう．それは，サンプル数の少なさや疑似反復ではないか（独立した反復になっていない）という批判によるものだった (Fowler & Lawton, 1985). また，葉は匂いを吸着しやすく，その吸着した匂いを虫が忌避したのではないか，という疑いもあったため，1983 年の 2 本の論文以降は，一般には眉唾と捉えられてしまっていたし，確固たる証拠がなければ査読者にダメ出しをされていたのだろう．

ところが，成果が出るかどうか，また出るとしてもいつになるかもわからないにもかかわらず，着々と研究をしているグループが 3 つあり，それぞれ違う材料，違う方法，違う国で行われていたのにもかかわらず，これまた 2000 年に同時に研究報告がなされた．1 つ目は，分子生物学的手法を取り入れた実験室内での研究 (Arimura *et al.*, 2000) である．2 つ目は，野外実験と室内実験を組み合わせた研究 (Dolch & Tscharntke, 2000)，3 つ目が，5 年もの野外実験で植物間コミュニケーションを実証した研究 (Karban *et al.*, 2000) である．

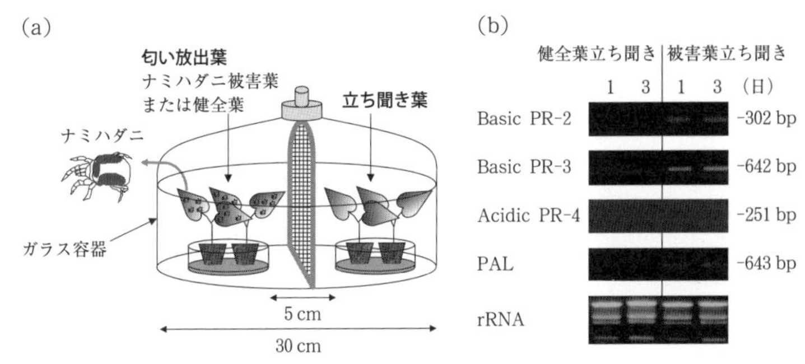

図 7.1　(a) 有村氏らの実験装置，(b) 遺伝子発現結果

Basic PR-2, PR-3, Acidic PR-4 は防衛遺伝子．これらのうち，Basic PR-2, PR-3 が被害葉立ち聞き葉内で発現している．Arimura *et al.*, 2000 より引用.

7.2 植物間コミュニケーション

上述した1つ目の研究は，私が当時所属していた研究室で行われたもので，計画当時から「すごい面白いなぁ．学問の融合ってこういうことなんやな」と感心していた記憶がある．それは，リママメとナミハダニを使った研究で，ナミハダニに食べられているリママメ（匂い放出葉）をガラスの密閉装置内に置き，その隣に食害されていないリママメ（立ち聞き葉）を置き，網を設置してナミハダニは移動しないようにして匂いのみを受容させる（**図 7.1a**）．数日後，匂いを受容したリママメの遺伝子発現を調べると，被害を受けたときに発現する防衛遺伝子が発現していたのである．一方，ナミハダニに食われていない健全なリママメの匂いを受容していたリママメでは，その防衛遺伝子の活性は見られないという結果であった（図 7.1b）．

2つ目は，人工的に葉を切ったハンノキからの距離に応じて，ハンノキハムシによる被害が多くなること，また，室内でのハンノキハムシの選好性や産卵数においても，匂い受容したハンノキは，ハ

図 7.2　セージブラシ (Sagebrush: *Artemisia tridentata*)　→ 口絵 9

ンノキハムシに好まれないということを示した研究である．これらの事実に基づき，著者らは，葉を切られたハンノキは周囲のハンノキの抵抗性を誘導しているのかもしれないと結論づけている．

3 つ目は，切ったセージブラシ（**図 7.2**）のそばに生えている野生タバコの方が，切られていないセージブラシのそばの野生タバコよりも，被害が少ないということを証明する野外調査を継続して 5 年間繰り返した，地道な研究であった（**図 7.3**）．その 3 年後に，私は Richard Karban 教授（本書では，敬愛を込めて Rick とよぶ）の研究室に留学することになる．この地道なスタイルに憧れたのもこの研究室を選んだ理由の一つである（Box1 参照）．

そして，2000 年以降，植物間コミュニケーションの研究は飛躍的に発展した．これらの 3 本の論文がその引き金になったといって

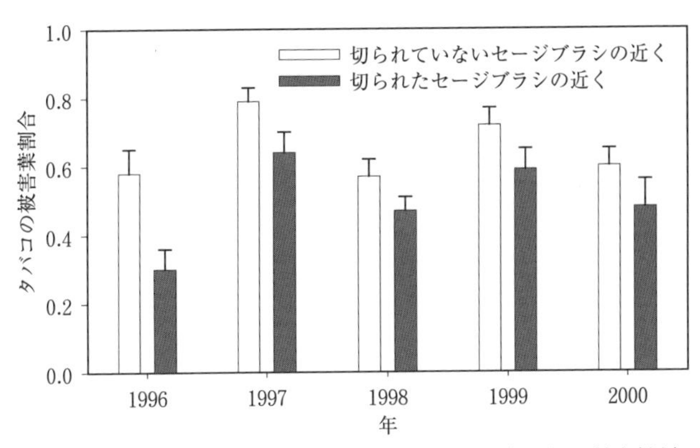

図 7.3　セージブラシとタバコのコミュニケーション（タバコの被害割合）
Karban *et al.*, 2000 より引用し，改変.

も過言ではないだろう.

Box 1　I like Rick's style

私は 2003〜2005 年の 2 年間，文部科学省の日本学術振興会の海外特別研究員として，前述した 2000 年に出された論文のうちの一つの研究室，Rick のもとで研究をした．Rick を研究先に選んだ理由は，それまで彼の研究論文を読んでいて，植物間コミュニケーションだけでなく彼のどの研究においても，ほとんどお金のかからない手法で，それでいて，「そうくるのか！！　なるほど！！」といつも，感心させられる面白いストーリーとそれに見合う見事な手法を用いていたからだ．そして，留学先を探しているときに開催された国際シンポジウムに参加していた彼の研究室出身者に Rick のことを聞いたら，"He is very nice. I really like him." と太鼓判を押されたのだ．そこで，彼の研究室で研究することを決めた．留学後，私は Rick と一緒にセージブラシを使って植物間コミュニケーションの研究を始めて，今に至るのである.

7.3 匂いコミュニケーションの及ぶ距離

匂い情報はどこまで届くのだろうか？　というのは誰しもが気になることだろう．植物が匂いを受容して誘導反応を起こすことで，虫に食べられにくくなるということは，その匂いを受容した植物を食害する昆虫が少なくなるということだ．さらに，その昆虫が少なくなるとその昆虫を食べる捕食性昆虫の分布にも影響を及ぼすことになる．つまり，昆虫群集の成立を明らかにするうえでも，匂いコミュニケーションの有効距離を明らかにすることは重要である．しかし，匂いの有効距離を調べている研究は少ない．

セージブラシでは，約 60 cm までは匂いが有効であることが明らかになっている (Karban *et al*., 2006)．一方，ハンノキの研究では，葉を切られた木から 12 m までは調べられていて，12 m までは距離が遠くなるにつれてハンノキハムシによる被害が多くなっている．しかし，匂いを受容していない個体（コントロール）との比較がないため，12 m よりももっと遠くても，匂いは有効なのかどうかはわからない．また，近年の私たちの研究で，高さ 10～12 m ほどのブナは 7 m 程度までの距離でコミュニケーションが起こっていることが明らかになった (Hagiwara *et al*., 2021)．

これらの距離が短いか遠いか，その感じ方は人によるのかもしれないが，私自身は意外と短いなと思った．というのも，第 1 部でのコナガ被害キャベツ（コナガ株）が出す匂いとコナガに寄生するコナガサムライコマユバチは，匂い放出個体から 70～80 m の距離からも誘引されるということが報告されている (Uefune *et al*., 2012)．また，室内実験ではあるが，シロイヌナズナを使った実験では，東京ドームの体積に野球ボール 2 つ分の体積ほどの匂い分子があれば，シロイヌナズナは匂いに反応していることが明らかになっている（Shiojiri *et al.*, 2012b），（7.7 節参照）．

ハンノキやセージブラシの実験はコミュニケーションの有無の指標が虫による被害度であり，また完全な野外環境下での実験で，さまざまな環境要因がある中での指標である．近年の新型コロナウイルス感染症においても，無症状の人でも感染している場合があることが明らかになっている．つまり，被害（症状）という見える指標での反応と，実際に植物が匂いに反応しているかどうかというのは，また別なのではないかと考えられる．

現在，私たちの研究室では，植物の遺伝子活性に注目して実際の野外においてどの程度，匂い情報が有効なものなのかを明らかにしようという野望を抱いている最中である．

Box 2　セージブラシの研究調査地

セージブラシは，アメリカ西海岸のグレートベースン (Great Basin) に生育する灌木である．グレートベースンは，ロッキー山脈とシエラネバダ山脈の間に位置するカリフォルニア州，ネバダ州，ユタ州，オレゴン州をまたがる広大な半乾燥地帯である．そのグレートベースンの植生の約 80% がセージブラシである．至るところ，セージブラシで覆われている．大学生のときにヨセミテ国立公園に西側から入り，シエラネバダ山脈を越えて公園の東側に出たとき，それまで，大木やいくつもの滝があり，じゃんじゃかと水があった森の様相が一変し，低木がどこまでも続いている風景が目にとびこんできた（図）．山を 1 つ越えるだけでこんなに変わるのかと，川端康成の『雪国』の「トンネルを抜けると雪国であった」のような，ビックリした思い出がある．その低木こそがセージブラシで，そのころは数年後に私の研究材料になるとは思ってもみなかった．私の調査地は，UC バークレー校のフィールドステーション（日本でいうと演習林）と，その近くの国定公園であった．

図　ヨセミテ国立公園の東側
半乾燥地帯でセージブラシに覆われている.　→ 口絵 10

7.4 コミュニケーションのしやすい季節

私が好きなオフコースの「僕の贈りもの」の歌詞にもあるように，春になればウキウキしてくるし（花粉には悩まされているが），秋は風が冷たく葉っぱが散り寂しい気持ちになってしまう．季節によって気分が違うようだ．これは，春になればネコの鳴き声がうるさくなったり，夏になればカエルやセミの鳴き声がうるさくなったりするように，人に限った話ではない．動物は繁殖のために鳴いているのだが，つまりは，個体間のコミュニケーションが活発になっているといえる．では，植物の匂いを介したコミュニケーションでも，情報伝達しやすい季節はあるのだろうか？　また，コミュニケーションが行われる季節は植物にとって誘導反応をしてまで葉を守る重要な時期なのだろうか？

そこで，異なる時期に，隣接する同種植物が被害を受けたときに出す匂い受容をさせ，その匂いを受容した個体の総被害量が変わるかを調べることにした．セージブラシでは，人工的に傷をつけたときに出る匂いが，隣の個体の誘導反応を引き起こすことが報告されている．また，上述したように，セージブラシ個体間での匂いコミュニケーション有効距離は60 cm程度であったが，本実験では，確実に匂いが受容できるようにと，20 cm程度離れた2個体を80組用いた．2個体のうち，1個体のある枝の葉っぱすべてを半分に切って匂い放出個体とし，もう一方の個体を匂い受容個体（検定個体）とし，その個体のある枝（葉が約150枚ついている）にマークをする（**図7.4**）．そして，匂い放出個体の枝を切る時期を，5月，6月，8月，切らない（コントロール）の4グループ，各20個体ずつに分ける．そして，検定個体の枝の被害を，成長時期の終わる9月に調べる．どの時期に匂いを受容したかで，被害程度に違いが出れば，コミュニケーションしやすい時期があるということになる．

結果は，5月に匂いを受容した個体においてのみ，コントロール（匂いを受容していない個体）と比べて，被害葉率が大幅に少なかった．**図7.5a**には，それぞれの葉の被害枚数を示す．また，いつの時期に被害を受けやすいのかを調べたところ，6月初旬までに被害を受けていることが明らかになった（図7.5b）．調査地のセージブラシは，4月まで雪に覆われており，新芽が展葉するのが5月中旬である．そのころに，最も被害を受けやすいため，セージブラシは匂いによる情報伝達を強く行っているのかもしれない（Shiojiri *et al*., 2011）.

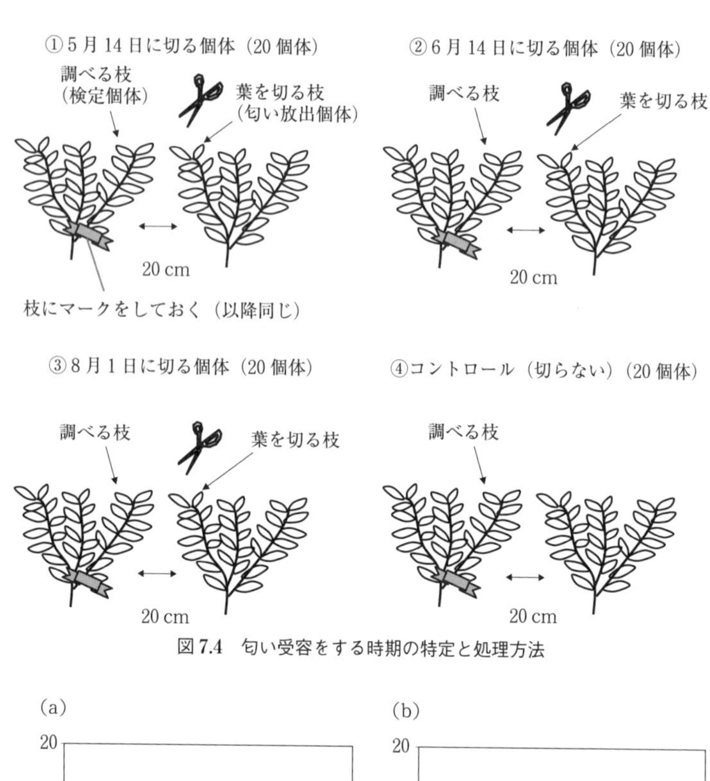

図 7.4　匂い受容をする時期の特定と処理方法

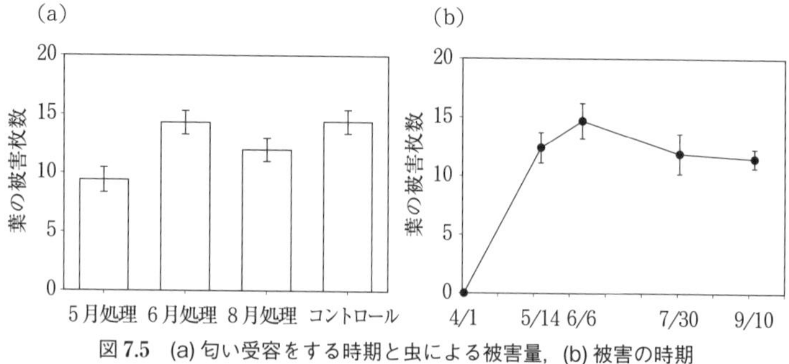

図 7.5　(a) 匂い受容をする時期と虫による被害量，(b) 被害の時期

Box 3 朝，昼，夜？　コミュニケーションが行われる時間帯

植物と虫も匂いでコミュニケーションしていることは，第1部で述べた．葉の匂いと虫ではなく，花と虫の匂いコミュニケーションは皆さんもよく知るところだろう．植物が花粉を別の個体に運ぶために，虫を誘引するような匂いを発して，虫の体に花粉をつけ運ばせているという話である．さて，この植物と虫のコミュニケーションにおいてもツールとして匂いが使われているのだが，花が咲く季節という大きな単位ではなく，1日における時間において植物と虫のコミュニケーションは変化している．具体的には，単に花が咲いているときにいつでも匂いが出されているのではなく，雌雄異性花の場合，雄花が先に匂いを出し，午後から雌花の匂い放出が多くなる (Tsuji *et al*., 2020)．花粉媒介昆虫に，先に雄花に訪問させることで，花粉をつけた形で，雌花に訪れさせるという，季節だけでなく1日のタイミングも虫と植物の匂いコミュニケーションでは起こっているのだ．また，媒介昆虫として夜行性の虫を利用している植物は，夜にのみ匂いを放出している (大久保・渡辺，2004)．

植物間コミュニケーションの野外研究では，1日で作業が終われるようにと午前中に処理を施すことがほとんどである．もしかして，時間によっても植物の葉から出される匂いは異なり，どの時間帯の匂いを受容するかで，受容個体の反応が変化するのかもしれない．

7.5 匂い放出の持続時間

植物が虫の被害を受けるとどのような匂いが出てくるかは，第2〜3章で述べた．それらの匂いは，いつまで続くのだろう？　また，植物間コミュニケーションにとって重要な匂いはいつまで続くのだろう？

ポプラがハムシに食べられた場合に放出される匂いの一つである

ジャーマクレンDや，ある種のヨトウムシに食害されたリママメが出す匂い成分のうちのβ-オシメンや青葉アセテートの持続時間は，約1日である (Arimura *et al*., 2004), (Arimura *et al*., 2008). しかし，食害を受けた植物に特徴的な匂い成分はそれ以外のものもある．実際に匂いコミュニケーションの効果が持続するのは，どの程度なのだろうか．

効果的な匂いの持続時間を調べるために，セージブラシの一部の枝を切ったあと，ナイロン袋で覆ってやり，さまざまな時間で外した場合に，その隣のセージブラシがどの程度被害を受けるのかという野外操作実験を行った．距離が20 cm以内のセージブラシのペアにおいて，一方のセージブラシの一部の枝を切り匂い放出個体とし，もう一方の株を匂い受容個体，つまり検定個体とし，約3カ月後に被害葉をカウントする個体とする．匂い放出個体の切った枝をそのままにしておくペア，匂い放出個体の切った枝に袋をかぶせるペア，匂い放出個体の枝も切らないもの（コントロール）の処理を行う．袋をかぶせたあとは，1日後，2日後…7日後に外すもの，被害葉をカウントする日（約3カ月後）まで袋をかけたままにしておくものの，全10処理区ができた（**図7.6a**）．各処理20サンプル（20ペア）なので，200ペアをマークしたことになる．このフィールド調査地は一般人が気軽に入れる場所からは離れており，目立つマークをしておいても問題はない（**図7.7**）．野外調査でこんなにも見つけやすいマークができるのは，本当に助かった（一度，散歩中の犬（放し飼い）が走ってきて，そのマークをとってしまったことはあるが…）．その後，毎日足を運び，20の袋を取り外すという作業を行った．最初のうちは，マーク用の旗だけでなくナイロン袋もたくさんついているので，はたから見ると，非常に気持ち悪い風景だったかもしれない．その結果，3日目までに袋を外した個体の匂

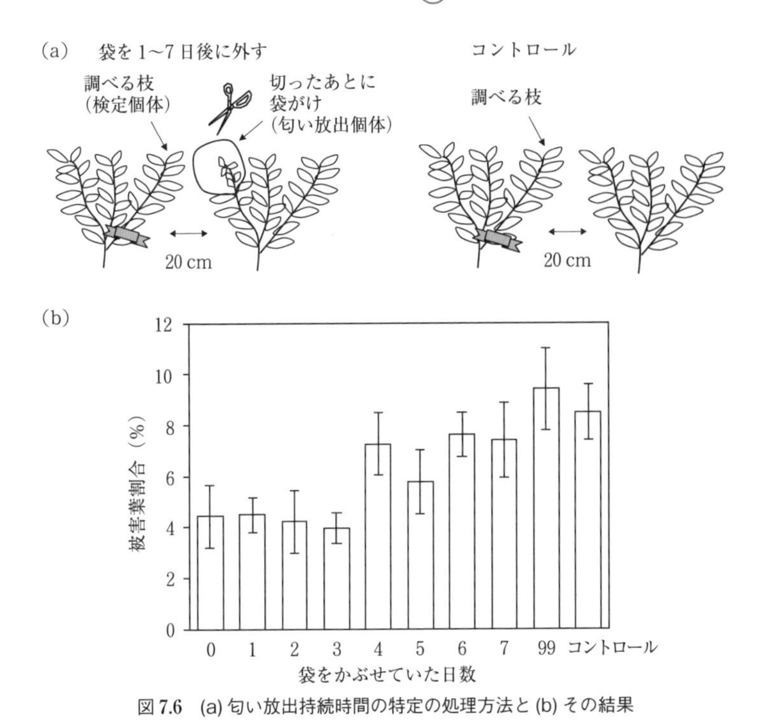

図 7.6　(a) 匂い放出持続時間の特定の処理方法と (b) その結果

いを受容したペア個体では，袋をかぶせなかった個体のペア個体と同程度の被害を受けており，4日目以降に袋を外した個体の匂いを受容した場合は，匂いを受容しなかった個体と同程度になった（図7.6b）．つまり，3日まではコミュニケーションに効果のある匂いが出ていると考えられた (Shiojiri *et al*., 2009).

7.6　必要な匂いの受容期間

次に，どの程度その匂いを受容すれば，効果があるのだろうか？この問いに答えるべく，次は匂い受容の時間を変えてみるという操

図 7.7　調査地風景

処理した個体には，旗とピンテ（調査時に用いるピンク色のテープ）がついている．
→ 口絵 11

作実験を行った．最初に行った操作は，葉を切ってから 1 時間後，6 時間後，24 時間後（1 日後），3 日後，7 日後にその枝を袋で覆うというもので，上述した袋を取り外すという手順の逆パターンである（**図 7.8a**）．コントロールは，枝を切らずに袋だけ覆うものとした．枝が袋にかぶされたままというのは，植物にとってストレスになると考え，そのストレスが隣接する個体に影響を与えている可能性を検討するため，枝を切らずに袋をかけるというコントロール処理において，処理当日に袋をかけるもの，1 日後に袋をかけるもの，7 日後から袋をかけるといった 3 つのコントロール処理を行った．その結果，6 時間後，24 時間後，3 日後，7 日後に袋で傷ついた枝を覆った個体の隣の個体では，3 つのコントロール個体より

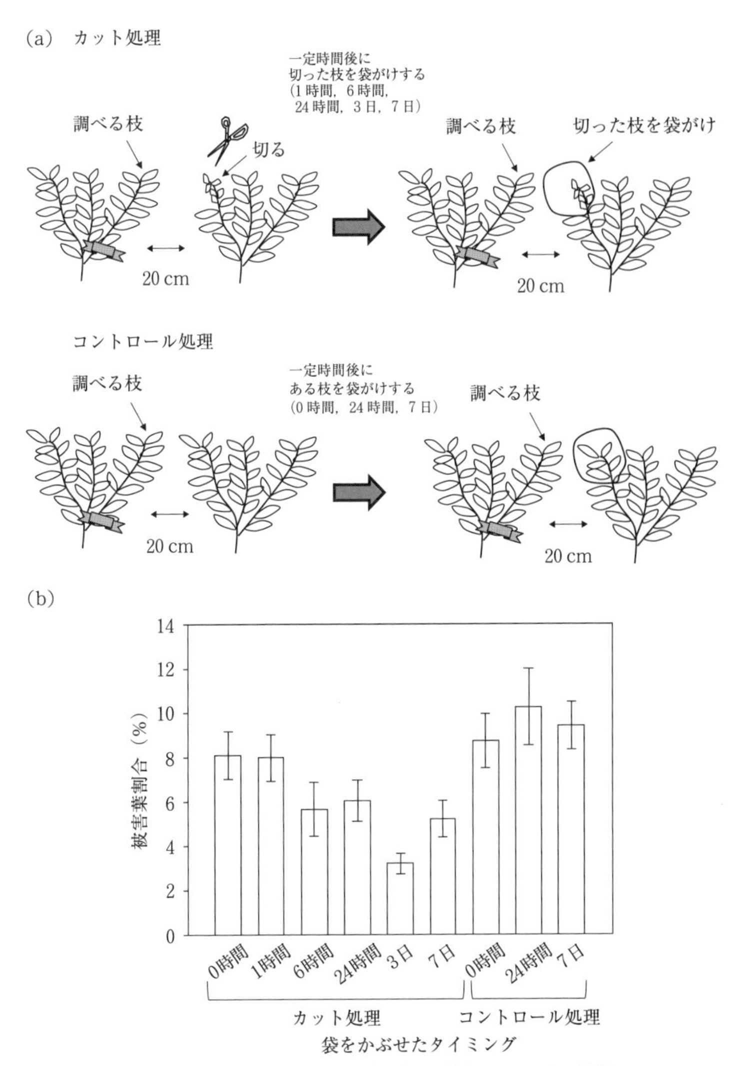

図 7.8　(a) 匂い受容期間の特定の処理方法 1 と (b) その結果

も，被害が少なくなった．一方，1 時間のみ匂いを受容していた個体も，コントロールと同程度の被害を受けた（図 7.8b）．つまり，6 時間以上匂いを受容する必要があるということになる．ただ，この実験では，1 時間以内に放出された匂いにコミュニケーション誘導性の成分がなかったのかもしれないという可能性は否定できない．

そこで，切った直後にナイロン袋で匂いを閉じ込めて 1 時間後に，その匂いを受容個体（枝）に一定時間受容させるということを行った．これは，後述するが袋にためた匂いを大きい注射器のようなもので吸い上げて，受容させる枝にかかっている袋に注入する方法である（**図 7.9a**）．コントロールは，切られていない枝に袋をかぶせ 1 時間放置した匂いを，別の個体の枝に受容させるというものである．受容させる時間として，先の実験から 1 時間ではコントロールと変わりなく，6 時間以上あればコミュニケーションできているという結果だったので，袋に匂いを詰めたあと，袋を 1 時間後に取り去るもの，6 時間後に取り去るものという 4 処理を行った．結果，切った枝から出た匂いを 6 時間受容した枝のみ，3 カ月後の被害が低くなるという結果であった（図 7.9b）（Shiojiri *et al.*, 2012a）．つまり，切られて 1 時間以内に放出される匂いもコミュニケーションに有効であるが，その匂いを一定時間（6 時間）は受容する必要があることが示された．情報を短期間流すよりも，ある一定期間流す方が効果があるというのは，なにか人間社会や人間自身にもいえることかもしれないと思った次第である．

7.7 匂い濃度

コミュニケーションの有効距離，コミュニケーションしやすい時期，匂いの持続時間，匂いの受容期間…とくれば，次に知りたくなるのはなんだろう？　匂い濃度は？　と思われた人はきっと私と気

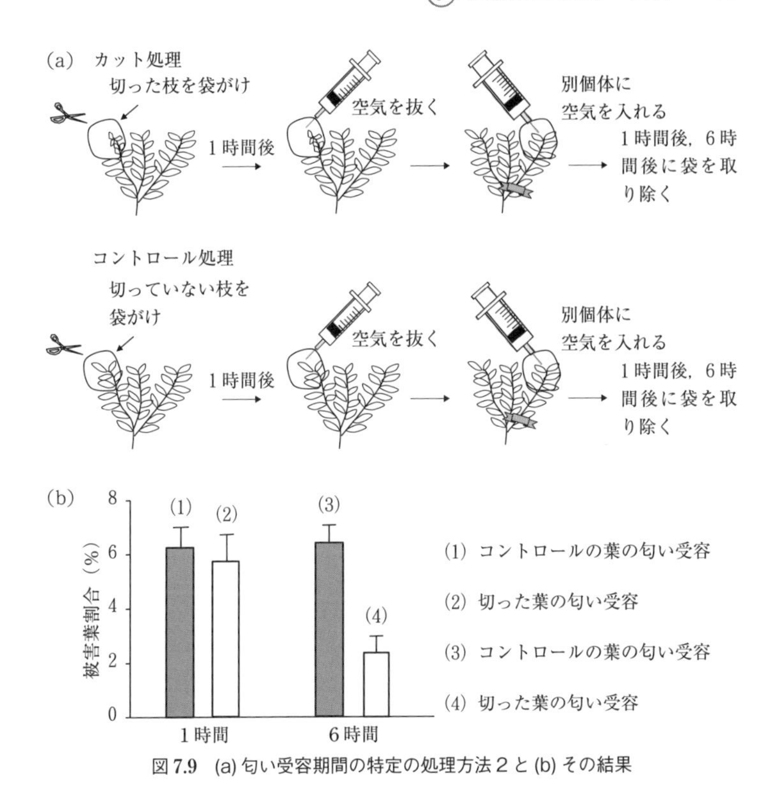

図 7.9　(a) 匂い受容期間の特定の処理方法 2 と (b) その結果

が合うに違いない．では，それはどのぐらいの匂い濃度なの？　という疑問に答えてみよう．野外での実験は，風が吹いたり，雨が降ったりと，不確定要素が多く，細かい条件設定をコントロールしにくい．そこで，今回の実験は，シロイヌナズナを用いて人工気象室内で行うことにした．シロイヌナズナは，モデル植物といわれる中でもいち早く全ゲノムが読まれた植物である．小さい空間で育ち，種をつけるまでに2カ月とかからない．さすが実験モデル植物であ

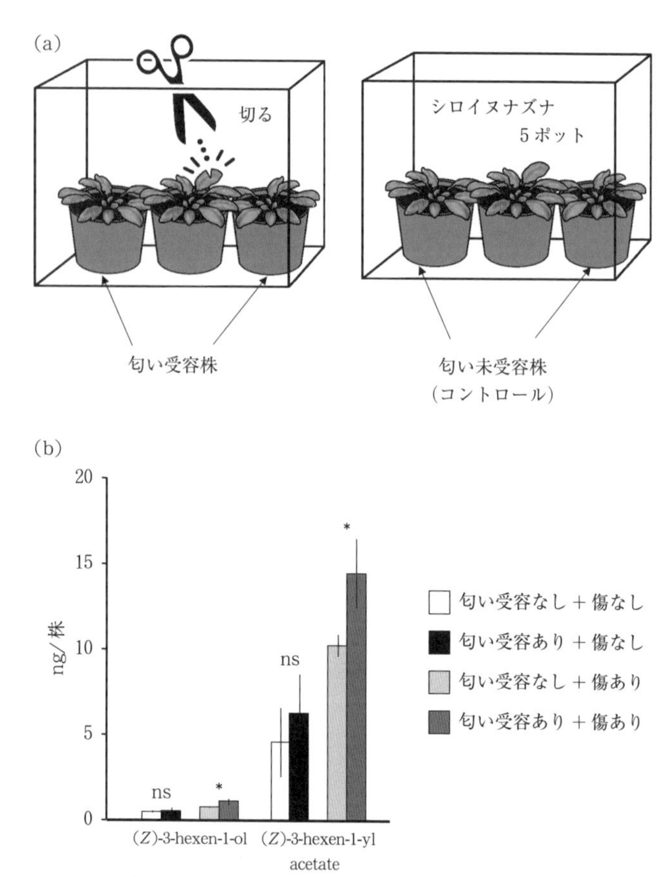

図 7.10　(a) シロイヌナズナの処理方法と (b) 匂い受容後のシロイヌナズナの匂い放出量

る．そのシロイヌナズナ（Col-1 株）をプラスチックの虫かごケースに 5 ポット配置し，真ん中に配置されたポットの株に 5 mm ほどの傷を 1 カ所つける．それを，週に 2 回，3 週間にわたって続けた（**図 7.10a**）．そして，傷ついた個体の匂いを受容した個体と，傷ついていない個体の匂いを受容した個体の匂い放出量を見ると差はなかったが，その後少し傷をつけて匂い放出量を比べると，匂いを受容したあとに傷をつけた個体の方が，匂いを受容せずに傷を受けた個体より多くの匂いを放出していた（図 7.10b），（Shiojiri *et al*., 2012b）．さらに，匂いを受容した個体の方が，モンシロ幼虫の寄生蜂のアオムシサムライコマユバチをよく誘引した．つまり，匂いを受容したことで間接防衛が高まったことが示唆された．

そして，計算してみたところ，なんと東京ドームの空間に，たった 2 個の野球ボールほどの匂い分子があるぐらいの濃度で，この反応を引き起こしていたのである．これは，犬の嗅覚ほどの敏感さである．近い将来，植物を匂い探知器として用いることもできるのではないかと考えている．また，3 週間にわたる匂い受容期間を 1 週間に減らすと，この反応は見られなかった．つまり，ある程度の匂い受容期間が必要であることもわかった．

Box 4　野外実験のあるある？

ある日，北海道大学構内（札幌市）の原生林内での調査で，頭上でカラスがカーカーとものすごくうるさく鳴いているなか，個体（バイケイソウ）にピンテで印をつけていた．翌日，その調査地に行ってみたら，なんとピンテをつけた個体がメチャメチャに食い荒らされるどころか破壊されてしまっていて，ピンテも引きちぎられていた．北大のカラスはジンギスカンの肉をとるほどに，すばしっこく凶暴だということを聞いてはいたが，その対象は食べ物だけではなかったんだと思った．確かに，彼らの聖域にズカズカ入ってきて，目障りな色の人工物をあちこちに置かれたもんだから，非常に腹が立ったのだろう．もちろん，その実験はパーになってしまった．そういえば，北大のカラスもさることながら，最近は京都の鴨川（特に出町柳付近）のトンビも非常に怖い．先日，子どもたちとランチをしていたときに，私が子どもに「ここのトンビはメッチャ怖いねんで．上から狙ってきて，特にどんくさい人をようわかってて，その人の食べ物を狙ってくるから，気をつけなあかんねんでー」と注意したその直後，私の手からサンドイッチが奪われてしまった．

植物の血縁認識

「崖に自分の親と自分の子どもが落ちてしまった．どちらか一人しか助けられない．さて，あなたならどちらを助けますか？」というような，究極の選択を迫られるゲームが私の子どものころに流行っていた．非常に難しい選択だ．子どもなりに考えて，「子ども．親は自力で這い上がってくるはず」と，苦しまぎれに答えを出していた．でも，これが，「自分の子どもと他人の子ども」という比較であったら，シンプルかもしれない．なぜ，自分の子どもを助けようとするのだろうか．それは，動物の本能的なもので，リチャード・ドーキンスが言うように自分の遺伝子を残そうとするためである．しかし，そのためには，誰が自分と同じような遺伝子を持っているのか，つまり，どの個体が自分と血縁関係にあるのかを特定しなければならない．人の場合，親戚付き合いで顔を合わすことで，相手が，伯父さんの子どもであったり，父親の兄妹の孫であったりというのは認識できる．ほかの動物（哺乳類，鳥類）がどこまで血縁認識ができているのかは定かではないが，少なくとも自身の子どもは認識しているようだ.

では，植物ではどうか．植物もできるだけ多くの個体を次世代に残すようになっており，自分から離れたところに生育させるために，種子を分散させたり，発芽のための栄養分をつけた種子をつくったりと，さまざまな戦略をとっている．このように次世代を残す戦略がある植物において，血縁認識はどのようになされているのだろうか.

8.1 個体の匂い

セージブラシが，匂いコミュニケーションをしているということが明らかになったので，私はどの匂いが重要なのかを明らかにするため，切られたときのセージブラシが出す匂いを捕集して分析しようと考えた．ただ，Rick の研究室には匂いを分析するような装置はなく，同じ建物内に匂い分析装置（ガスクロマトグラフ質量分析計，図 4.6）はあったが，使用頻度が高く，使わせてとは言いにくい感じであった．ちょうどそのとき，UC デービス校に所属する理系研究者の集まりで，BBQ をした．そこで，食品の匂いや栄養を分析している研究者と出会い，彼が GCMS を使っているという話を聞き，セージブラシの匂い分析をしたいのだという相談をしたところ，教授に使っていいか聞いてみると言ってくれて，とんとん拍子に匂い分析装置と捕集装置を使わせてもらえることになった．野外で匂いを捕集するのは初めてだったが，重たい匂い捕集装置をザックに入れてフィールドまで歩いているとき，とてもウキウキしていた．匂いを吸着させた剤を実験室に持ち帰り，分析してみたところ，個体ごとに全く異なる波形が見られた．その波形の違いをその研究室の研究者に見てもらったところ，「これ，同じ植物の匂いをとったの？」というのが第一声であった．私もこれまで，キャベツやダイコンなどのアブラナ科の匂い分析をしており，同じ傷をつけたときには，ほぼ同じような波形が見られていたので（つまり，ほぼ同じような匂いであった），「セージブラシしか生えていないし，間違えるはずはないんだけどなぁ」と思ったが，もう一度，匂い捕集に行くことにした．今回は前回より注意して，絶対セージブラシだよね，と確認しながら捕集した．分析結果は，前回と同様，個体によって匂いが違った．つまり，セージブラシでは，ハサミで葉っぱを切るという同じ処理をしているにもかかわらず，個体によって違った匂いであることが明らかになった．この匂いの違いを人が認識できるかと聞かれたら，個体によって匂いが違うという結果を知ったあとに，注意して匂いを嗅いでみたら，なんとなく違うことがわかる，という程度で，知らなければ注意して匂いを嗅がないし，同じ種というので，分析するまではここまで違いが出るとは思ってもみなかった．この結果は，私にとってはかなり衝撃で，同種でもここまで匂いが違うのかと思った．これまで扱ってきたキャベツは作物である．一般に作物は，形質が維持されるように遺伝的均一性が高い．つまり，種を購入して栽培する野菜は，全く同じ遺伝子を持ったもので，いわゆるクローンである．だからこそ，匂い分析をしたときに，いつも同じような匂いが出ていたんだ．しかし，実際の野草はさまざまな遺伝子型が存在しているからこそ，匂いに変化が生まれるのだということに気づかされた．

8.2 匂い識別能力（クローン認識）

私の家ではお下がりをよく使う．人から服をもらったとき，子どもが「これは～からもらった？」とか「これは，～のや」と言う．その判断基準は，服のたたみ方だったり服の雰囲気だったりするのかと思いきや，子どもらは鼻を近づけて匂いで判断していた．確かに家庭によって使っている洗剤が違ったり，お線香やお香の匂いなどが服に染みついている．では，個々の匂いの違いはどうだろう？枕や汗をかいたあとの臭いだったらわかるかもしれないが，匂いで区別するということは，普段はあまりない．でも，植物は自分の匂いと他個体の匂いを区別できるという話が，本節のトピックである．

8.1 節で個体によって匂いが違うという驚きがあったことは述べた．「え？　それなら，もしかして，自分と他個体の匂いを区別できたりするんじゃないの？」と，ふと思った．思いついたら即実験だ．方法は，小瓶にセージブラシの枝をさし，その枝についた葉を切ることで匂い放出個体とし，その匂いを受容した検定個体の虫による被害を 3 カ月後に調査するというものだ．水差しにする枝として，(1) 同じ個体の枝を切り，それを小瓶に入れてその個体のそばに配置，(2) 他個体の枝を切り，枝を切った個体とは異なる個体のそばに水差しにして配置，(3) コントロールとして，水の入った小瓶のみをある個体のそばに配置するという 3 つの処理を行った．意気揚々と挑んだ実験だったが，結果は失敗に終わった．というのも，カラッカラの半乾燥地帯であるセージブラシの調査地は，小瓶に水を入れておくとあっという間に水が干からびてしまうのだ．そのことに処理しているときから気づいたので，1 日に朝と夕方の 2 回，水やりだけのために，片道 50 分かけて調査地に行っていたのだが，半数以上の枝が数日後には枯れてしまっていた．それでも，匂い受容した個体はなんらかの影響を受けているかなと思って調べたが，コントロールとの差が見られなかった．それでも，この結果は単に水がなくなってしまったから匂いを出すはずの枝があまり匂いを放出しなかったためだろうと思い，この計画を Rick に相談した．すると，大学内の技官さんが，セージブラシの根を掘り起こしてそれを鉢植えにして植えることで，親子体と同じ遺伝子を持つ個体（クローン）を作ることができるという情報を仕入れてくれたので，その技官さんに頼むことにした．ちなみに，バラなどは，茎を5 cm ほど切って，それを土にさしておくだけ（挿し木をするだけ）で同じ遺伝子を持つ個体（クローン）を作ることができるし，後述するセイタカアワダチソウは，時期を問わず，地下茎とよばれる茎を3 cm ほど切って土に植えるだけで，クローンを作ることができる．しかし，セージブラシの根を掘るのは，冬になる前がよいということだった．私はそのときは，2 年間のアメリカ滞在期間を終えていたのだが，Rick が快く掘り起こしを引き受けてくれた．翌年，綺麗に育ったセージブラシを見ながら，彼は，まず雪をかき，凍った土を掘り起こして根を取り出すのが辛かったという話をしてくれて，何度感謝の気持ちを述べたかわからない．

さて，どのような実験をしたかというと，鉢植えにしたクローン個体を親個体（mother plant）のそばに置くセットと，mother plant ではない個体のそばに置くセットを設けた（**図 8.1a**）．そして，鉢植えのクローン個体の葉を切り，1 日間おいたあと，鉢植えごと取り除くのである．鉢植えクローンは匂い放出個体としてのみ使った．この実験は，思いつきから数年後に設定できたものだったので，春に処理を行って約 3, 4 カ月後の 9 月の結果がとても楽しみだった．待ちに待った 9 月．mother plant にマークした枝の虫による被害をカウントした．この時点では，その枝が同じ遺伝子（クローン）の匂いを受容したものなのか，別の遺伝子（別クローン）の匂いを受容したものなのかがわからないので，とても歯がゆい．夜にフィールドステーションの部屋でデータを入力し，最後に enter key を押して，「やったぁ～！」と歓喜の声を上げた．とても嬉しい結果であった．自分と同じ遺伝子クローンの匂いを受容

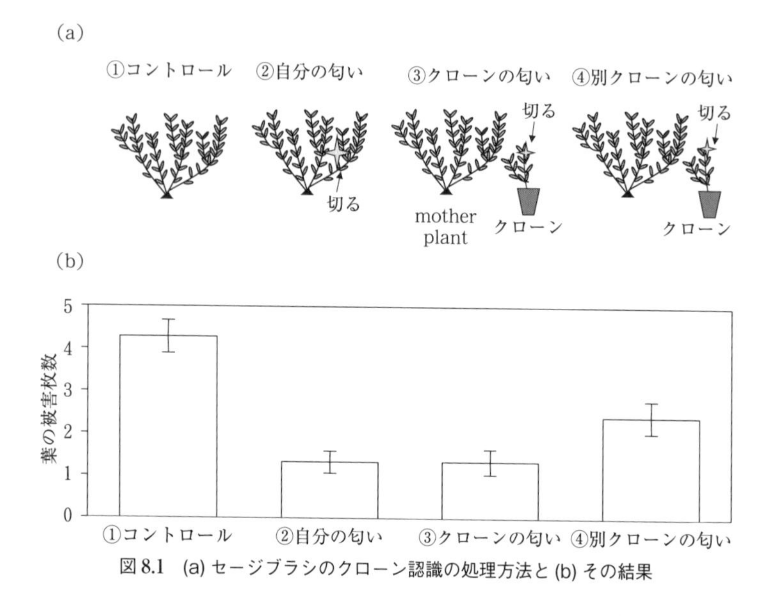

図 8.1 (a) セージブラシのクローン認識の処理方法と (b) その結果

していた枝は，別のクローンの匂いを受容していた枝よりも，被害が少なくなるという，仮説通りの結果が得られた（図 8.1b）．つまり，セージブラシは匂いで自分と同じ遺伝子を持つか否かを，区別できることが示唆された (Karban & Shiojiri, 2009).

8.3 匂いの類似度と血縁関係

動物が血縁者を認識する例として，例えばアリが同コロニーかどうかを体表についている化学物質で判断していることが報告されている (Sano *et al.*, 2018). また人間でも非血縁者の体臭をより好むといわれる (Kromer *et al.*, 2016). このように，動物の世界では，血縁者の認識について比較的研究が進んでいる．植物では血縁者を認識できるという報告はほとんどないが，自分と他人を匂いで区別できるのであれば，血縁の近さも認識しているのかもしれない．

血縁の近さを匂いで識別できるかどうかを確かめる前に，遺伝的距離と匂いの類似度に相関があるのかを明らかにしておく必要がある．遺伝子解析は共同研究者の石崎智美氏（現在，新潟大学助教）が担当し，匂い分析は私が担当するという分担で，フィールドのセージブラシ100個体をナンバリングし，それらの遺伝子解析と匂い分析を行った．私は30枚ほど葉のついた約5 cmの葉を冷やしたまま日本に持ち帰り，石崎氏は数枚の葉を乾燥させるためにシリカゲルの入った袋に入れていた．新鮮な状態で持ち帰りたかったため，採集したあとは宿舎やホテルでも冷蔵庫に保管し，パスポートの次に大事なものとして扱っていた．帰国後もすぐに匂い捕集分析にとりかかり，毎日そればかりを行っていた．遺伝子解析は担当の石崎氏が開発したプライマーを使い，マイクロサテライト多型解析により行った．マイクロサテライトとは，数塩基の配列が数個から数十個繰り返された反復配列のことである．ゲノム上に広く散在し，また，繰り返し回数の変異が生じやすいため，集団内の遺伝的多型を調べるマーカーとして使われる．マイクロサテライトを挟む領域にプライマーを設計し，PCRによってマイクロサテライト領域を増幅すると，繰り返し回数の違いによってPCR産物の長さに差が生じる．その違いを電気泳動によって検出することで，個体の遺伝子型を特定することができる．繰り返し回数が同じものを同一の対立遺伝子（アリル）と見なす．セージブラシの解析では，7つのマイクロサテライト領域について調べ，すべての領域で対立遺伝子が一致したもの同士をクローンと見なした．また，対立遺伝子の共有の程度をもとに個体間の血縁度を求めた．その結果，血縁度が近いほど匂いが似ていることが明らかになった（Ishizaki *et al.*, 2012），（**図8.2**）．

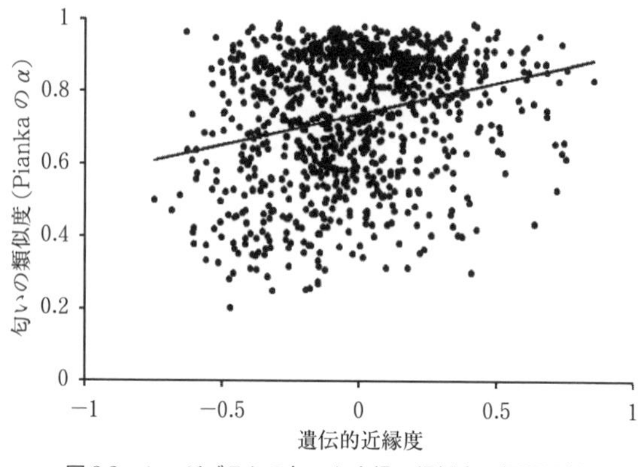

図 8.2　セージブラシの匂いと血縁の類似度の相関関係

Box 5 海外から植物を持ち帰るために

海外から帰国し，空港に到着すると，手荷物を受け取ったあとに税関検査を受けるためのゲートがたくさんある．どこが早く終わりそうか，荷物をたくさん持っている人が並んでいる列には並ばないでおこう，ちょっと怪しげに見える人の後ろはやめておこうとか，まるでスーパーのレジで，どこの列に並ぶべきかを見極めているときのように，私は列の動きや列にいる人を見てゲートを選んでいる．さて，そのメインゲートに入る前に，海外から植物サンプルを持って帰るときには，検疫カウンターに立ち寄らなければならない．どの空港でもひっそりと横っちょの方にある．そこに行き，「こういう理由で，この植物を持ち込みたいです」と説明すると，持ち込み禁止の植物ではないか，虫や土はついていないかを検査され，検査を通過すれば，「植物検査合格証印」が押された紙が発行され，それを植物サンプルに貼るとようやく税関検査を通ることができる．このおかげで，税関検査に並ぶまでに時間がかかり，一群が去ったあとに並ぶことになる．一度，たまたま友人と同じ飛行機になり，「私は検疫を受けてくるから，出口で待ってて」とお願いし，手荷物受取場で別れた．ところが，検査が終わって税関に向かうと，まだその友人は税関にいるではないか．よく見ると，荷物を開けられている．そういえば，その友人は変わった風貌で，「毎回，入国するときに止められるねん．毎回やねん．ほんま．こんな，見た目ちゃんとして普通やのに」と，前にぼやいていた．「今回もやん！　百発百中や！」と妙に感心した覚えがある．

ところで，2018年からは，その植物を採ってきた国（輸出国）が発行した証明書が必要となり，さらに名古屋議定書締結以降，ABS（遺伝資源に関するアクセスと利益配分）手続きが必要である．それを忘れていて，オーストラリアからセイタカアワダチソウの種を郵送してもらったことがある．検疫所から電話がかかってきて，「証明書がないので，処分するか送り返すかになります」と言われ，送り返してもらったこともある．気をつけねばと思う今日この頃である．

8.4 匂いによる血縁認識

翌年，匂い分析と血縁度を明らかにするために，ナンバリングした個体（8.3節で用いた100個体の一部）を用いて，ある個体から，遺伝的距離の近い個体と遠い個体という，3個体からなる組み合わせを作り，それぞれの間でのコミュニケーションの強さを調べる実験を行った．まず，調査対象とする個体の2つの枝にマークする．この個体と遺伝的距離の近い個体と遠い個体を選び，それぞれの葉をハサミで切ってその場所に袋をかぶせて24時間おき，匂いを袋にためる．翌日，マーキングしていた対象個体の2つの枝に袋をかぶせ，その中に24時間ためた遺伝的距離の異なる植物由来の匂いを入れることで，1つの植物が異なる匂いを経験するようにした（**図8.3a**）．つまり，対象個体の一つの枝は血縁度が高い個体の匂いを，もう一方の枝は血縁度の低い個体の匂いを受容することに

(a)

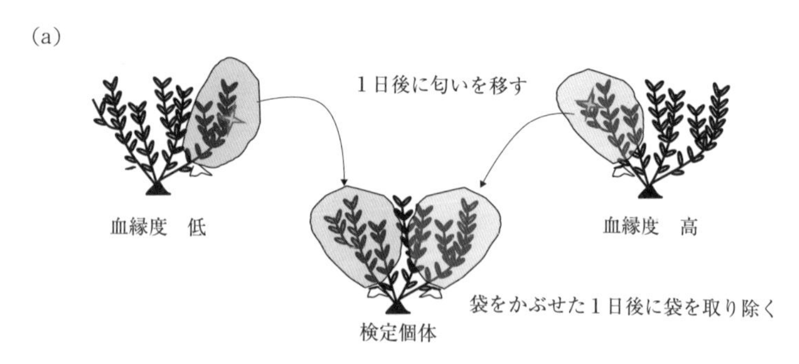

(b)

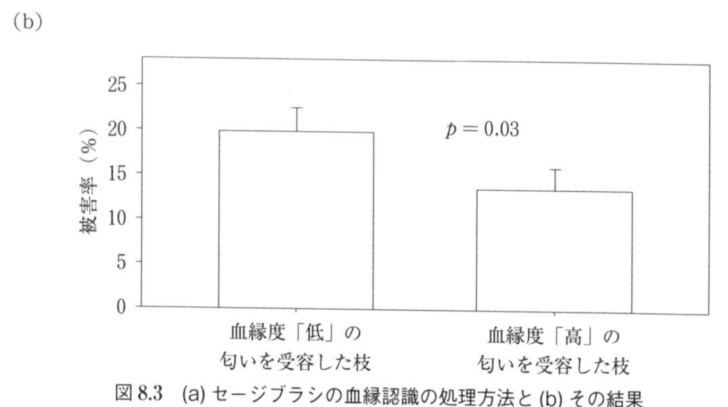

図 8.3　(a) セージブラシの血縁認識の処理方法と (b) その結果

なる．そして1日後にこの袋を取り，数カ月後の虫による被害量を調べた．**図 8.4** の写真はそれぞれ，匂いを移動するのに用いたシリンジ，移動の様子，それから検定個体が異なる匂いを受容している様子である．

その結果，予想通り，血縁度の高い個体の匂いを受容した枝の方が，血縁度の低い個体の匂いを受容した枝よりも，被害量が低くなっていることが明らかになった（図 8.3b）（Karban *et al.*, 2013)．一般に，草本では，ある部位で被害を受けると，その情報が維管束

(a)

(b)

(c)

図 8.4　匂い移動操作実験

(a) 1 リットルシリンジ　(b) 匂い移動中　(c) 検定個体匂い受容中

系[1]を通じて被害を受けていないほかの部位にまで伝わり，全身で抵抗を誘導するということが知られている（Gaupels *et al.*, 2017）．つまり，植物体内での情報伝達がなされているのである．しかしセージブラシでは，維管束系を通じた個体内伝達は行われず，個体内伝達にも匂いが使われており，全身ではなく枝ごとに反応することが報告されている（Karban *et al.*, 2006）．私たちの実験結果は，セージブラシがこうした抵抗反応を示す性質を持っているため，同一個体内の2つの枝で受容した匂いが異なると，血縁度の高い匂いを受容した枝では誘導反応が強く引き起こされ，血縁度の低い匂いを受容した枝よりも被害量が少なくなったことを示していると考えられる．つまり，セージブラシは匂いで血縁認識ができるということが示唆されたわけである．この結果が出た夜は，Rick と石崎氏と大いに盛り上がり，また興奮して寝つけなかったことを覚えている．

Box 6　空気入れ替え方法

8.4 節で説明した通り，「袋にためた空気（匂い）を，対象となる枝に受容させる」ために，1 リットルの空気が入るシリンジを用いた（図 8.4a）．シリンジの先にチューブをつけて，そのチューブを目的の袋に入れ込んで匂いを取り出したり，入れ込んだりするのだ．しかし，その前年は，Rick 自らがシリンジになり，匂いをある個体から別の個体の枝まで運んでいたのだ．フィールド調査に来ていたある夕食時（フィールド調査では，いつも誰かが夕ご飯を作りみんなで一緒に食べている）に，Rick が「匂いを運ぶことができたら，血縁度の高い，低いという組み合わせが簡単にでき，クローン個体をたくさん作らなくても同じ実験ができるんじゃないか？」と言い出した．クローンを作る

---

[1] 維管束（vascular bundle）からなり，水や無機養分，有機養分の通道や，植物体の機械的支持に働いている複合組織．

のは難しく，私たちはそれがネックで多くの繰り返しをすることができていなかった．「確かにそうだけど，ある枝にかぶせた匂いをどうやって運ぶの？　かぶせていた袋を枝から外したときに，重要な匂いは漏れてしまうんじゃない？」とコメントした．すると彼が「今，チューブを持ってきているから，それで，袋の中に小さく穴をあけて，そこの空気を吸ったあと，息を吐き出さず，目的の枝まで移動し，その袋に吸った空気を吐いたらいけるんじゃない？」「明日，やってみようよ」という話になり，なんとシリンジ役を Rick がやってくれた．チューブが入るだけの穴をあけてすぐにチューブを入れるという作業が，慣れるまではもたついてしまい，Rick が苦しそうにしていることがたびたびあり，それを見ると余計に焦ると同時に笑ってしまい，この実験をしているとき，何度大笑いしたことか．

処理はしたものの，かなり半信半疑だったが，結果を見ると匂いを受容した枝は，被害が少なくなっており，上手く処理が施されていた．それで，翌年はこの方法で血縁の実験をしようと話していたのだが，翌春に Rick に会うと，「いいものを見つけたんだ」と，1 リットルのシリンジを嬉しそうに見せてくれたのであった．

8.5 なぜ，区別するの？

セージブラシが，匂いを区別していて，血縁の高い個体からの匂いのときには，防衛が強くなり，血縁が低い個体からの匂いのときには，防衛はそれほど強くは引き起こされないということがわかった．すごい能力！　と感心したのはよいが，次に起きた疑問は，「でもなんで？」だった．隣人に敵が来たら，隣人が血縁だろうとなかろうと，防衛を開始した方がよいのに，と思ったのだ．この疑問は私の頭から離れず，「他人の敵は自分の敵じゃない？」と，常に頭のどこかで疑問を持ち続けていた．その冬，子どもを連れてインフルエンザの予防接種を受けに行ったとき，接種してもインフルエンザにかかる人はいる一方で，接種しなくてもかかりにくい人がいることに気づいた．私は後者なので，予防接種を受けないことにした．高いお金を払う必要はないのだ．つまり，同じ人間でもある病気になりやすい人となりにくい人がいるのだ．私自身でいえば，インフルエンザにはなりにくいけれど，人より口内炎や口唇炎を起こしやすく，ヘルペスウイルスにやられやすい．なので，口内炎用の薬にコストがかかっている．これは植物でも一緒で，ある個体は特定の虫にやられやすく，別の個体はその虫にはあまりやられないのではないか．そして，その性質は血縁度が高いほど似ているので，血縁度の低い個体からの匂いを受容しても，それほど強くは防衛をしないのかもしれない．

これを明らかにするため，セイタカアワダチソウを用いて調べることにした．セイタカアワダチソウは，これまでに匂いコミュニケーションをすることが報告されている．セイタカアワダチソウは，種子と地下茎で繁殖するため，クローン個体を作りやすい．さすが，侵略的外来種といわれるだけあって，たった3 cmの地下茎を土に植えておくだけでも，ほかの個体と遜色なく大きくなる．滋賀県内から採集したセイタカアワダチソウ4個体からクローンを作り，それを生態学研究センターの野外圃場にランダムに配置し，各個体につく昆虫群集を調べた．また，血縁の匂いに対して強く反応するのかを明らかにするため，ある遺伝子型を匂い個体とし，その周りに匂い受容個体として匂い個体と同じ遺伝子型を含む4つの遺伝子型の個体を配置し，数カ月後に被害葉を調べた（**図 8.5a**）．この研究は安東義乃氏（現在，北海道大学学術研究員）と前述した石崎氏と行った．その結果，血縁度と匂いとの間には正の相関があり，また，匂い個体との血縁度が高いほど，被害率が低かった（図 8.5b）．さらに，遺伝子型ごとに植食性昆虫相が異なった（**図 8.6**）

(a)

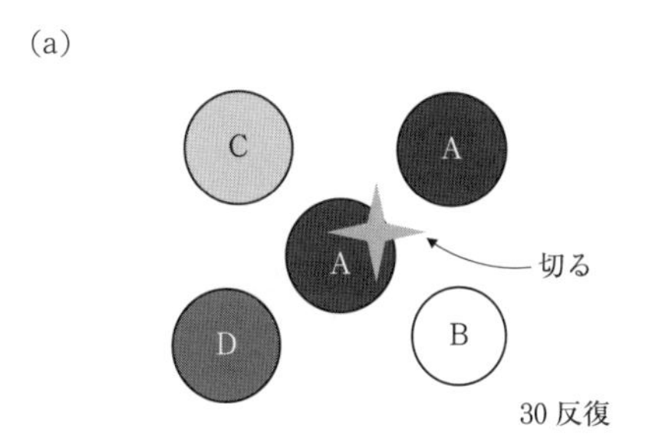

(b)

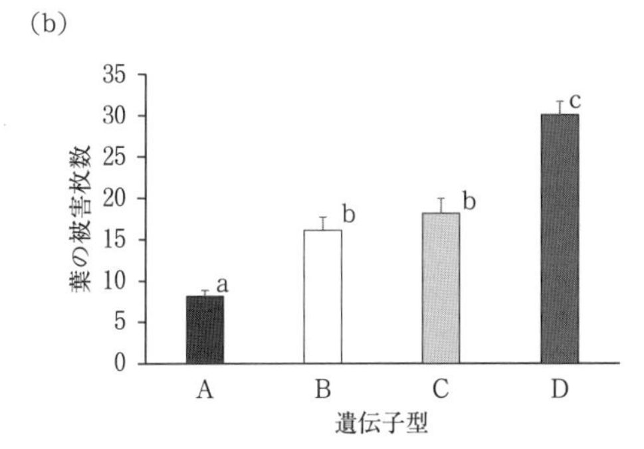

図 8.5 (a) セイタカアワダチソウの実験の処理方法と (b) その結果
中心の A は匂い個体，周りの A，B，C，D は匂い受容個体を表す．

(Shiojiri *et al.*, 2021a)．残念ながら，血縁関係と昆虫群集の間の相関は明らかにならなかったが，これは使った遺伝子型が 4 つという制限されたものだったためではないかと考えている．

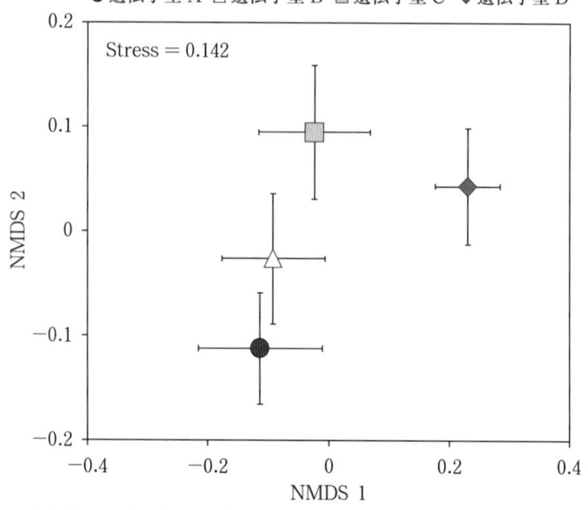

図8.6　セイタカアワダチソウの遺伝子型による昆虫群集の違い

9

応用への展開

私の家の前には，堤防があり，季節を雑草から感じている．春になればさまざまな花が咲きだし，そのうちにイネ科の植物が勢いを増してくる．それに伴い，私はクシャミと鼻水と目のかゆみがひどくなる．いつもなら，イネ科が花粉を飛ばし始めたころに刈り取りが終わるのだが，今年は新型コロナウイルス感染症のために，年に2度の雑草刈りが遅れてしまい，いつも以上につらい時期が長かった．この草刈りの日は，堤防まで行かなくても，100 m 以上離れているところからでも，「あ，今日，草刈りしたのかな」と感じることができるほど，草が切られたときの草っぽい匂いが充満する．この雑草の刈り取りのときに放出される匂いを，農業に活かすことはできないだろうか．

9.1 異種間のコミュニケーション

これまでの話では，セージブラシ同士やセイタカアワダチソウ同士といった，同種間の匂いコミュニケーションを説明してきた．

雑草と作物といった場合，異種間のコミュニケーションとなる．では，この異種間のコミュニケーションはあるのだろうか．実はすでに7.2節で述べたセージブラシと野生タバコの研究（Karban *et al.*, 2000）がそうである．

(1) セージブラシの匂い

毎年調査地に行くと，太陽や風，風景だけでなく，嗅覚でも調査地に来たことを感じる．セージブラシの香りがするのだ．それほどセージブラシばかりが生えており，傷がついていない健全な植物でも少し匂いがする．そんなに強いセージブラシの匂いは野生タバコ以外の種でも誘導反応を引き起こすことができるのだろうか．Rickらのグループは，野外試験に先立ち，温室においてセージブラシの匂いの持つポテンシャルを確認する実験を行っている．セージブラシの匂いを受容したトマトでは，アブラムシのパフォーマンスが悪くなるという結果を得た．セージブラシの匂いは，トマトに対しても防衛反応を誘導することができたのである．

(2) セージブラシの匂いはどの種でも抵抗性を誘導するか？

ところが，このセージブラシの匂い，あらゆる種に対しても抵抗性を誘導するかと思いきや，そうではないことも明らかになった．セージブラシと野生タバコの野外操作実験が行われた同じフィールドで，セージブラシとマメ科のルピナス，セージブラシとオミナエシ科のカリフォルニア・カノコソウの鉢植えを配置し，その後の自然被害量を見てみると，傷ついたセージブラシの匂いを受容した個体と，傷ついていないセージブラシの匂いを受容した個体とでは差はなかった（Karban *et al.*, 2004）．彼らは言及していないが，セージブラシは傷をつけてなくても少し匂いがするので，もしかするとこの微量な匂いでも防衛形質が誘導されてしまい，実験的な差が検出できなかったのかもしれないと私は考えている．

9.2 セイタカアワダチソウとダイズコミュニケーション

(1) 1年目

植物間コミュニケーションは，近い血縁間，同じ個体群内，あるいは地域内の方が強く起こる．一方，別の植物種間でもコミュニケーションが起こる．雑草の草刈りの匂いが作物の害虫抵抗性を誘導するのであれば，草刈りという手間が作物の害虫防除になり，これは一石二鳥である．なんの作物でやってみようかと考え，日本といえば，コメとダイズだろうという安易な思いから，作物としてコメとダイズを選んで研究をスタートした．まずは，ダイズの話から紹介しよう．

調査は兵庫県加西市にある兵庫県立農林水産技術総合センター（兵庫農技センター）で行うことになった．調査地として同センターを選んだのは，ダイズを無農薬で育てるということと，この話に興味を持ってくれた研究者がいたからだ．センターの持つ圃場の中でどこの圃場を使わせてもらうかを決めるために下見に行くと，候補地となる圃場の隣にはセイタカアワダチソウで覆われている土手があった（**図 9.1**）．セイタカアワダチソウは，切ると独特の匂いを発し，セイタカアワダチソウ同士で植物間コミュニケーションをすることがわかっている（Kalske *et al.*, 2019), (Shiojiri *et al.*, 2021a)．そこで，セイタカアワダチソウを刈り取って，その匂いをダイズに受容させ，ダイズの生育状態に違いが見られるかについて調査することにした．初年度は，雑草を刈り取るイメージで，セイタカアワダチソウを葉や茎ごと 15 cm 程度に裁断したものをダイズの畝の間にばらまく区画と，なにもしない区画を設けた．そして，

図 9.1　兵庫県立農林水産技術総合センター（加西市）のクロダイズ畑とセイタカアワダチソウの栽培の様子

クロダイズ畑の奥の土手がセイタカアワダチソウ群落．　→口絵 12

数カ月後にダイズの高さや葉の被害枚数を調査し，さらに枝豆になった時点での地上部全部の重さ，莢（さや）のみの重さ，成熟したときの正常豆の数，重さを調べた．

葉の被害量は，セイタカアワダチソウを畝間に撒くと低くなった．また，地上部全部の重さは変わらなかったが，莢のみの重さは重くなっていた．さらに，成熟後の正常な豆の数，重さともに，セイタカアワダチソウを撒いた区の方が勝っていた．この実験で使ったダイズは，クロダイズで，その中でも高級といわれる「丹波黒」という品種だった．暑い中，被害量を数えるのは大変だったが，その後の枝豆を用いた調査では，成熟した豆の収穫調査のあと，サンプルを食べられるのがとても嬉しかったのは，いうまでもない．これが，食べられるものを研究対象にする醍醐味かもしれない．もちろん枝豆を食べて嬉しかっただけでなく，セイタカアワダチソウを撒くことで葉の被害が減少し，収穫量もアップするという期待以上の良い結果も嬉しく得て，非常に興奮した．

この1年目の結果を受け，次年度も同じ方法で試験を行ってこの現象の再確認をしようと思っていたのだが，ある研究者から「その方法だと，セイタカアワダチソウの匂いの効果なのか，セイタカアワダチソウの化学成分や分解したあとの養分が土壌を介してダイズに効果をもたらしたのかがはっきりしない」と指摘された．確かに，あらゆる可能性を検討した上でないと，はっきりと匂いの効果だと言い切ることはできない．いろいろな人に話を聞いてもらい意見をもらうのは，研究をする上で本当に必要なことだと思った瞬間だった．

(2)　2〜4年目

この指摘を受け，実験方法を再考した．土壌を介した影響を排除するため，セイタカアワダチソウをそのまま撒くのではなく，洗濯ネットに15 cm程度に裁断したセイタカアワダチソウを詰め込み，それを畝間にぶら下げることにした．また，この年から，クロダイズだけでなくシロダイズ（普通のダイズ）でもこの実験を行うことになった．2軒分ほどの100円均一の洗濯ネットを買い占めた．セイタカアワダチソウをぶら下げる区（セイタカ処理区）と，比較のためのなにもしない区（コントロール区）の間に緩衝区を設け，匂いが比較のための区に及ぼす影響を最小限にした．これは，安くできる実験方法だったが，洗濯ネットをぶら下げたダイズ畑はなかなかシュールなものだった（**図9.2**，**図9.3**）．

2，3年目は初年度と同じ兵庫農技センターの圃場を使わせても

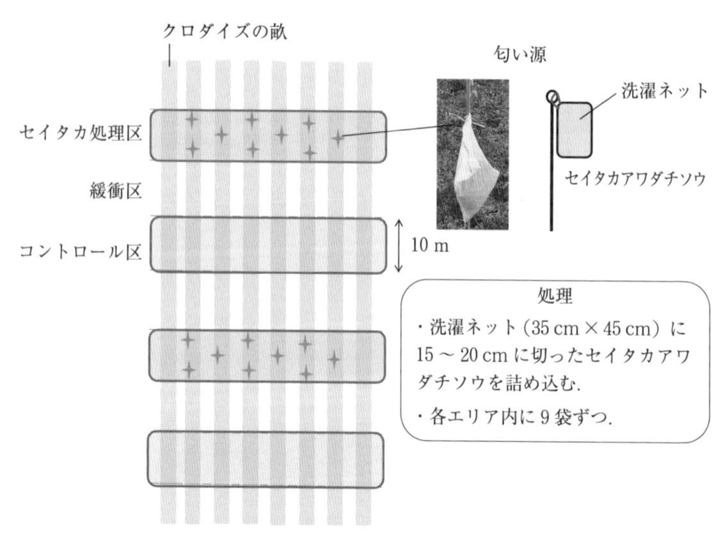

図 9.2　セイタカアワダチソウの匂い処理の様子

らい，4 年目は京都府亀岡市にある京都府農林水産技術センターを使わせてもらうことになった（ただし，4 年目はクロダイズだけである．また，海外滞在のため，実験 3 年目と 4 年目の間は 1 年空いている）．また，学会発表で，いつも質問されていた，どのような害虫がダイズを食害しているのか？　もきちんと記録するようにした．結果，セイタカアワダチソウを畝間に撒いたときと同様，被害量はなにもしないときに比べて低く（**図 9.4**），収穫量は高いという非常に嬉しいものだった（**図 9.5**），（Shiojiri *et al.*, 2017）．結局，足掛け 4 年の野外操作実験により，自分自身でも，セイタカアワダチソウの匂いの効果に確信が持てるようになった．

(3)　味

調査後の楽しみとして枝豆を食べるとき，せっかくなので，安易

図 9.3　セイタカアワダチソウの匂いを受容しているクロダイズ

洗濯ネットに裁断したセイタカアワダチソウが入っている．右上の枠内はセイタカアワダチソウ．

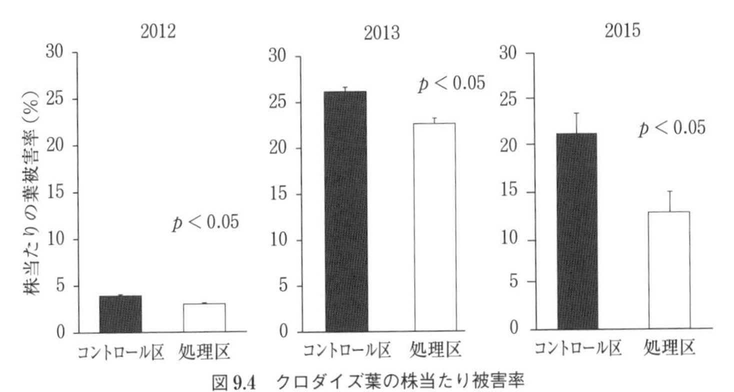

図 9.4　クロダイズ葉の株当たり被害率

セイタカアワダチソウの匂い受容区のダイズ（処理区）で葉の被害が低い．

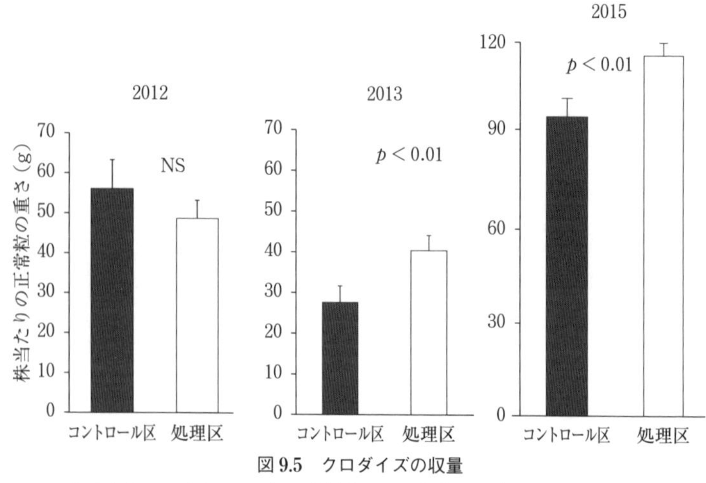

図 9.5　クロダイズの収量

セイタカアワダチソウの匂い受容区のダイズ（処理区）で収穫量が高い．

な気持ちで，セイタカアワダチソウの匂いを受容したものとしていないもので，研究室のメンバーなどに味比べをしてもらう企画を立てた．枝豆を茹でているときから，なにか違う気がしていた．茹で汁の色がセイタカアワダチソウの匂い処理区（以下，セイタカ処理区とよぶ）の方が濃いようなのだ．その先入観のせいなのか，セイタカ処理区の枝豆は少し水臭い気がした．そこで，ほかの人にもどちらがおいしいかという食べ比べをしてもらった．もちろんどちらがセイタカ匂い処理をしたものかは知らせずに行った比較だ．すると多くの人が，匂いを受容していないコントロール区の枝豆の方が豆の味が濃くおいしいという評価をした．これは面白いと思い，次は乾燥した豆（クロダイズとシロダイズ）においても，味をつけず圧力鍋で茹でただけのもので比較してみた．そこでも，多くの人がセイタカアワダチソウの匂いを経験していない豆の方がおいしく感じ，匂いを経験した豆は少し苦味を感じるという結果になった（**図**

	コントロール	処理
選好の人数	18	8
	甘味強い	水臭い
	濃い	えぐみ
	香ばしい	味が残る
	香りが広がる	
	甘い匂い	

(a) ブラインドテストの結果と評価

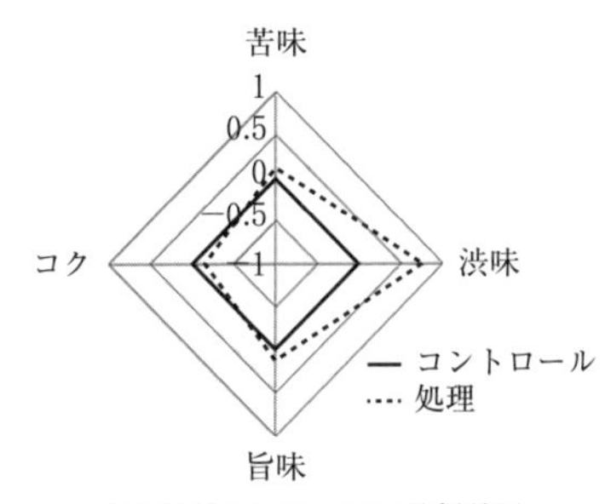

(b) 味覚センサーでの分析結果

図 9.6　枝豆（シロダイズ）の味の比較結果

9.6a)．これほど差が出たことには驚いた．そのことを，当時私が所属していた京都大学白眉センターのセンター長だった伏木享先生に話してみたところ，料理の専門家にも食べてもらったら？　とのアドバイスをいただいた．そこで京料理老舗の料理長を紹介してもらい，同じように試食してもらったところ，やはりほかの人と同じように，セイタカ処理区の方は少し苦味があり，また少し水臭いという評価であった．ただ，この程度なら味をつけたときにはわからなくなるだろうという意見もいただいた．さらに，味覚分析装置というもので客観的な評価をしたところ，匂い処理した豆は渋味成分が高い値を示していた（図 9.6b）．

味付けをしてしまえばわからなくなる程度かもしれないけれど，せっかく収穫量が上がっても味は落ちてしまうのか，と残念に思っていたが，なぜ豆の味に違いが生じるのか？　という疑問は残る．そこで，豆に含まれる成分の分析をされている先生に二次代謝物質の分析をしてもらったところ，イソフラボンとサポニンの成分のいくつかが，セイタカアワダチソウの匂い処理をした豆で多くなっていることがわかった（**図 9.7**）．サポニン自身は苦味があるため，これが豆の味に苦味をもたらしていたのだ．ちなみにこれらのイソフ

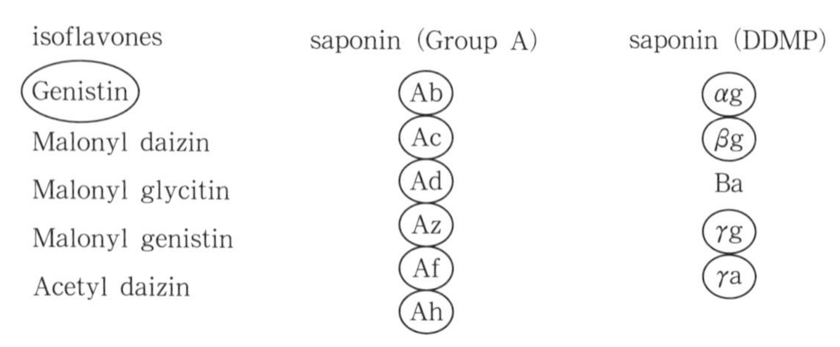

図 9.7　枝豆（シロダイズ）に含まれるイソフラボンとサポニン
丸で囲まれている成分が，セイタカ匂い処理個体で多く含まれる．

ラボンやサポニンはサプリメントとして商品化されるほど注目されている成分である．

9.3 ミントを使ったダイズ栽培

(1) 遺伝子活性

セイタカアワダチソウとダイズのコミュニケーションでは，植物が被害を受けたときに放出される匂いを使っていた．つまり，セイタカアワダチソウを切る（草刈りをする）という作業が必要となる．もし，恒常的に匂いを放出しているような植物を匂い放出個体として用いれば，より作業量が減り，作物の防衛力もつきやすいかもしれない．そこで，私たちはミントに注目した．ミントの香りに害虫忌避効果があることがすでに知られている．ミントに植物間コミュニケーションを生じさせる能力があるならば，ミントをコンパニオン植物（一緒に植えると作物にいい影響を与える植物）として混栽することで，「害虫忌避」と「栽培植物の防御力を向上させる効果」に相乗効果が生まれることが期待される．この研究は，東京理科大学の有村源一郎博士と共同で行った．

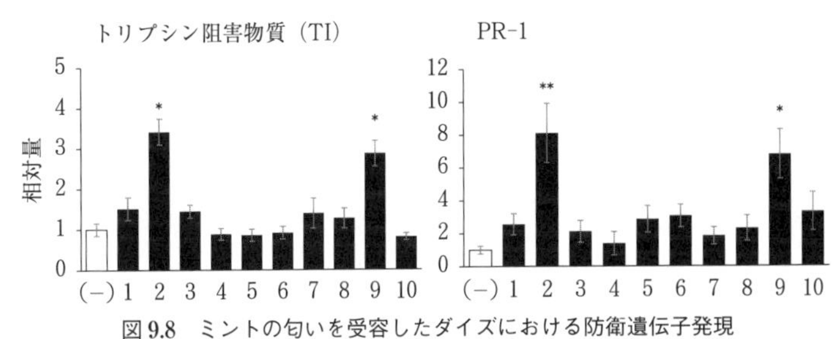

図 9.8　ミントの匂いを受容したダイズにおける防衛遺伝子発現

1〜10 はミントの種類：1. アップルミント，2. キャンディミント，3. コーンミント，4. オーデコロンミント，5. イングリッシュミント，6. レモンミント，7. オレンジミント，8. ペニーロイヤルミント，9. ペパーミント，10. スペアミント.
PR-1 は防衛遺伝子，* はコントロール (−) と比べたときの有意な異なりを示す (*：$p < 0.05$，**：$p < 0.01$). Sukegawa *et al.*, 2018 より引用し，改変.

一概にミントといっても，ミントの品種によって匂いは異なる．そこで，栽培室内のさまざまなミント種の近くでダイズを栽培し，ダイズにおける防衛遺伝子の解析を実施したところ，キャンディミントやペパーミントの香り成分のブレンドにはダイズ葉の防衛遺伝子の発現を誘導する能力が備わっていることがわかった（**図 9.8**）．これらの効果はミントの香りにさらしてから数日間維持された．さらに，これは，エピジェネティクスとよばれる遺伝子制御によるものであることもわかった．エピジェネティクスとは，DNA の塩基配列は変えずに，あとから加わった修飾が遺伝子機能を調節する制御機構である．つまり，ミントの匂いを受容したことで，遺伝子機能を調節する機構が変化し，防衛遺伝子の誘導がしやすくなった．

(2)　野外調査

実験室内で明らかになったこの現象が，野外でも同様に見られるのかを明らかにするため，1 年目は野外圃場においてキャンディミ

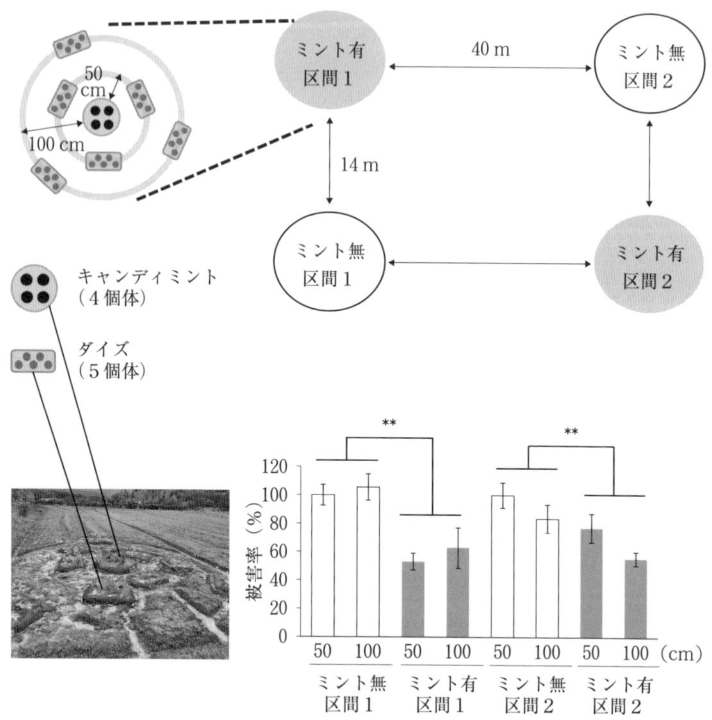

図 9.9　ミントとダイズのコミュニケーション実験設定と結果
ミントを置いた区で，被害率が低い（**：$p < 0.01$）．

ントの近傍でダイズを育てた（**図 9.9**）．その結果，キャンディミントから 2 m 以内で育てられたダイズの被害は低くなった．しかし，この結果は，ミントの匂い自体が害虫を忌避させた影響なのか，ダイズが防衛を誘導したためなのか，あるいはその両方によるものなのかの区別がつかない．そこで，2 年目には，10 日間キャンディミントの匂いを受容させたあと，ダイズのみを野外圃場に定植した．この処理方法でもダイズの被害は低く抑えられたことから（**図**

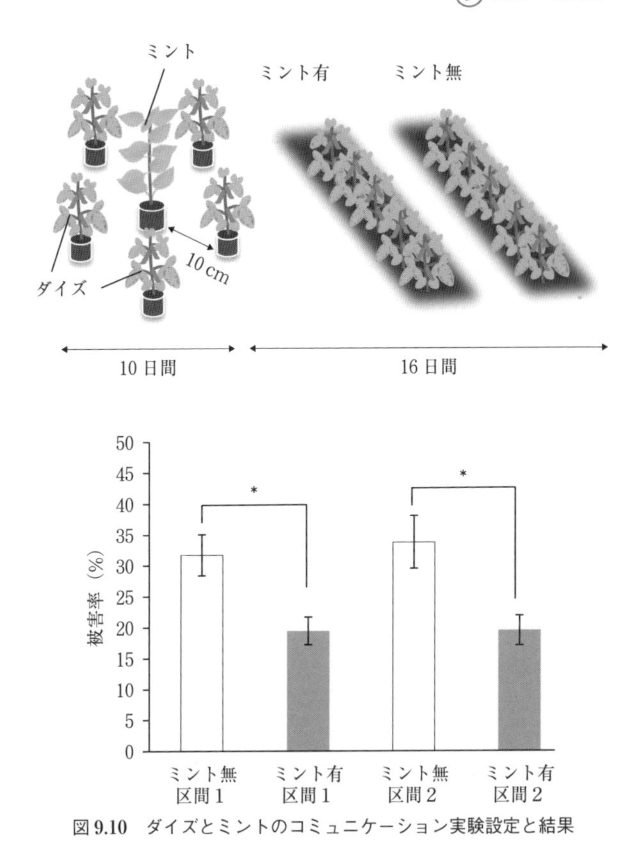

図 9.10　ダイズとミントのコミュニケーション実験設定と結果

9.10）（Sukegawa *et al*., 2018），特定のミント種は周囲の栽培植物の潜在的な防御力を向上させるコンパニオン植物として機能することが明らかになった．現在，ほかの植物においても同じ効果がもたらされるのかを調べているところである．

9.4 イネと雑草のコミュニケーション

(1) 場所の選定

日本で食料自給率の高いお米を使った研究をしようと思ったのはいいものの，私は全くの素人．イメージでは，水田を管理するのはなんだか難しそうである．しかも水田は無農薬で管理できるんだろうか？　などと，始める前から不安は尽きなかったが，日本では少し足を延ばして田舎に行けば水田があり，イネが育てられている．もし，少しでも殺虫剤を減らせたら，また，1回でも除草剤を撒かなくて済んだら，多くの人が楽になるんじゃないだろうか，と思い，イネに手を出したかった．

そのとき思い出したのが，浪人時代の友人の福井朝登氏だ．彼は，一級建築士で設計会社に勤めていたが，脱サラして琵琶湖の東南岸にある西の湖あたりの葦を刈り取る作業から始め，足掛け4年もかけて念願の茅葺屋根の家を自分で建てた（私もときどき手伝った）．また，無農薬で米を作ると語っており，家を建て終えたあとは，田んぼを借りて無農薬で米を作っていた．そこで，私の実験の話を聞いてもらったところ，「雑草はどうせ刈り取るのだから，ここの水田を使って調査してもらっていいよ」と二つ返事で引き受けてくれた．田んぼは，滋賀県高島市にある在原というところにあり，私の職場から2時間かかる．近いといえば近いが，ちょっとだけ作業しに行くには，遠い．そこで，モジモジしながら，「実は数日に1回，匂い（雑草）を入れ替える作業が必要なんだけど…」と言うと，嫌な顔一つせずに引き受けてくれた．また，調査時には，奥さんの英里子さんが作ったお昼までご馳走してもらったりして…いろいろ本当にありがとう．

(2) 方法

4月中旬に苗の準備をし，苗が2 cmぐらいに育ったゴールデンウィーク過ぎから匂い受容処理を始めた．匂い放出個体は，田んぼの近くにある雑草を刈り取ったものである．雑草の種を固定しなかったのは，農家にとって畔の草刈りは必然で，その草刈りが単に除草の意味だけでなくイネの害虫を減らしたり，生育をよくしたりすることが証明できれば，草刈りの意義が増すだろうと思ったからだ．楽しくはないかもしれないが，少しでも意義があれば除草剤を撒くのではなく草刈りをしようと思えるんじゃないかと考えた．そこで，苗の段階で匂いを受容させる処理を行った．セージブラシやダイズのコミュニケーションの結果から，生育の早い時期に匂いを受容すると効果があることが示唆されていた．ただ，苗床の段階となると，あまりにも早すぎて効果が持続しないかもしれないという懸念から，追加で田植え後に田んぼの中で匂いを受容させる処理も設けた．ただ，この処理は1年目だけ行った．

手順を説明する．まず，苗床に刈り取った雑草を入れた洗濯袋をぶら下げ，4日に1度，その中身を入れ替えて12日間匂いを受容させる（**図 9.11a**）．その後，匂い受容した苗と匂いを受容していない苗を別々の田んぼに植える．田んぼの違いを考慮して，4つの田んぼに匂い処理を行った苗，またそれとは別の4つの田んぼにコントロールの苗を植えた．また，1年目は，田植え直後に水田に棒を立てて刈り取った雑草を入れた袋をぶら下げるという処理も行った（図 9.11b）．福井氏によると，ほかの農家さんから，「また変なことしとるなぁ．お前んとこのあの袋はなんや？」と言われたそうである．試験圃場ではなく，実際の農家さんの農地で実験を行うには，まず，目的を共有して理解してもらう必要があり，さらに余分な作業や通常の農作業に邪魔になる設備を配置させてもらわなければな

(a) 苗の段階での処理

(b) 田植え後の処理

図 9.11　イネと雑草のコミュニケーション

らないためハードルは高いが,「変なことをしている」と思われるのは興味を示してもらえているなによりの証拠である. だから, 結果がうまく出た場合, すぐにでも周りの農家さんが始めてくれるんじゃないかなぁ, と淡い期待を抱いている.

(3)　被害と収穫調査

7月中旬にイネの葉の害虫被害を調べるために, 各水田から20株刈り取り, それを実験室に持ち帰って, 被害葉と健全葉をカウントした. 無意識バイアスを避けるため, 各水田で行われた処理を全く知らない人にランダムに刈り取ってもらった. 各水田から20株刈り取ってもらったので, 20（株）×8（水田）＝160株になった. イネは枯れないようにと水をはったバケツに入れて持ち帰り, 低温室に保存しておいた. しかし, 翌日, 葉が丸まってしまい, それを広げて被害を確認しながらのカウントになったので思っていた以上に時間がかかった. そのことを, イネを研究している人に話したところ, いったんごみ袋に水を少し入れ, それを袋全体に水が回るように振り回し, そこにイネを入れたら, 数日間は葉はピンとしたままだよ. ということを教えてくれた. 翌年, それを実践してみたら, 袋全体の水はバケツの水と比べてかなり少量であったにもかかわらず, 確かに葉は丸まらなかった. その理由は聞いていないが, 私が覚えているわずかな古文の記憶から, 徒然草の「すこしのことにも, 先達はあらまほしき事なり」を思い出した.

話を戻そう. 結果的に, 1年目, 2年目ともに, 苗時に雑草の匂いを受容しているだけで, 被害葉の割合が減少していた. また, 定植直後にも匂いを受容させた場合（1年目の処理）にも, 被害が低減することが明らかになったが, 苗時と定植直後の両方に受容したからといって, 激減するわけではなく, どちらかで匂い受容するだ

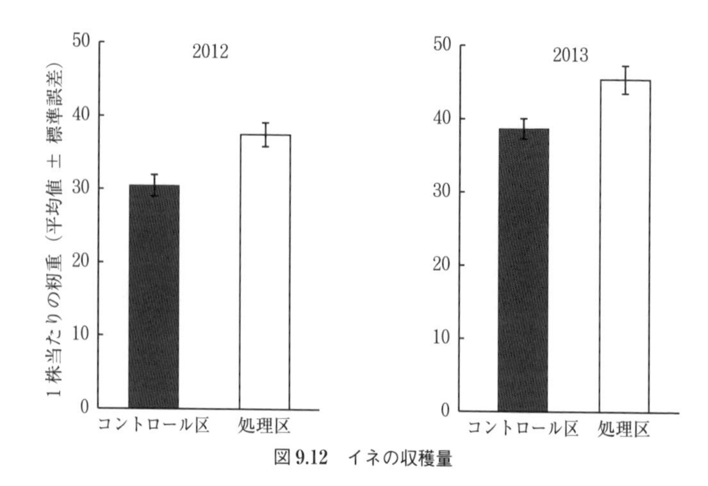

図 9.12　イネの収穫量

けで，被害が減少していた（Shiojiri *et al.*, 2021b）.

9月になり収穫時にも各田んぼからランダムに20株を刈り取ってもらったものを研究室に持ち帰り，雨に濡れないところで干した．1週間ほど経ってから，籾種のみを取り，株ごとに重さを測った．結果，1粒当たりの重さは処理によって変わらなかったが，喜ばしいことに，匂いを受容していた株の方が1株当たりの籾重が重くなっていた．つまり，よりたくさんの米を生産していたのである（**図 9.12**）．それらの結果を福井氏に伝えたところ，「ほんまけ？！　すごいやん，それ！　雑草の袋替え，面倒くさいなぁって思っていたけど，ちゃんとやってよかったわ」と喜んでもらえた．

(4)　雑草

では，どの雑草の匂いが良かったのだろうか？　雑草と一概にいっても本当にさまざまな種が含まれていた．パッと見たところ，シロツメクサばかりだなぁと思っていても，電動の草刈り機で刈られた雑草を調べてみると，10 種以上が含まれていることがわかった．それらの雑草から出てくる匂いはなんなのかを調べるために，匂い捕集を行い GCMS で分析も行った．その結果，青葉アルコール，α-ピネン，β-ピネン，ミルセン，青葉アセテートなど 17 種以上の匂い成分が出てきており，そのうちのどの匂い成分，あるいは匂いブレンドがイネの被害を低減し，また収穫量を高めたのか，また，どの種の雑草が最も良いのかなど，気になることはたくさんあり，現在，研究を進めているところである．

(5)　妄想を現実に

ケニアの icipe（国際昆虫生理生態学センター）という研究所でイギリス人グループが行った研究に，push-pull strategy がある．トウモロコシの畝と畝の間に，トウモロコシの害虫が嫌う匂いを放出する植物を植え，農地周囲を天敵を誘引する匂いを放出し，さらに害虫が産卵選択に利用する匂いを放出する植物を植える方法である．作物の近くから害虫を追い出し（push），周りでトラップする（pull）というものだ (Khan *et al*., 2009)．この方法で，トウモロコシの収穫量が格段と上がるのだ．この技術はすでに 20 年以上前に開発され，ケニアのさまざまな地域，さらにはほかの国にまで広がっている．

私はこのように，新しく製品を開発するのではなく，すでに植物が持っている性質を利用して，日本だけでなくどこの国でも使える農業技術を開発したいという夢を抱いている．

(6)　三つ子の魂百まで

ダイズとセイタカアワダチソウ，ダイズとミント，雑草とイネの一連の研究結果を眺めると，「三つ子の魂百まで」ということわざが思い浮かぶ．ダイズがまだ小さい段階でセイタカアワダチソウの匂いを数週間のみ受容させると，その後の被害が抑えられ，さらに正常豆の収量まで増える（味は落ちるが成分は良い）．イネが苗のときに，刈り取られた雑草の匂いを受容させると，田植え後にも葉の被害が抑えられ，収穫量も増える．つまり，初期段階の処理（しつけ）が生涯にわたって影響するのだ．これは，ダイズやイネだけでなく，セージブラシにおいても思い当たることがある．若い個体の方が老いた個体よりも，匂いを受容したときに被害を受ける量が低くなることがわかっている（Shiojiri & Karban, 2006）．また，成長初期（春）に匂いを受容すると秋までの被害量は減少するが，成長後期（夏）に受容しても被害量は影響を受けない（Ishizaki *et al*., 2016）．人だけでなく植物もそうなのか，と思うととても感慨深いと同時に，自分の子どもを見て，もうすでに全員が3歳を過ぎてしまっているが，大丈夫か…？　と思う今日この頃である．

9.5 まとめ

第2部では，植物の放出する匂いを介した植物間コミュニケーションについて自身の研究を中心に説明した．植物は匂いで血縁を認識したり，近い地域の個体群を認識したりするだけでなく，別の植物種間でもコミュニケーションが行われることを紹介した．

コミュニケーションしやすい別種間の組み合わせにどのような特徴があるのか，またどの匂いに反応するのかは遺伝的に決定されているのかあるいは可塑的なものなのかなど，まだまだ解明されていないことが多々ある．さらに，植物の匂い受容が植物のどの場所で，どのようなメカニズムで起こるのかは，ほとんど解明されていない．今後の研究に期待する．

匂いを介した植物間コミュニケーションは基礎的研究のみなら

ず，その現象を使った農業技術の開発（応用研究）は，持続的な農業として展開できる可能性を秘めている．より一層，植物間コミュニケーションの研究が深くかつ広く展開されることを期待している．

参考文献

Abe, J., Uefune, M., Yoneya, K., Shiojiri, K. & Takabayashi, J. (2020). Synchronous Occurrences of the Diamondback Moth (Lepidoptera: Plutellidae) and its Parasitoid Wasp *Cotesia vestalis* (Hymenoptera: Braconidae) in Greenhouses in a Satoyama Area. *Environmental Entomology*, **49**: 10–14.

Arimura, G., Garms, S., Maffei, M., Bossi, S., Schulze, B., Leitner, M. *et al*. (2008). Herbivore-induced terpenoid emission in *Medicago truncatula*: concerted action of jasmonate, ethylene and calcium signaling. *Planta*, **227**: 453–464.

Arimura, G., Huber, D.P.W. & Bohlmann, J. (2004). Forest tent caterpillars (*Malacosoma disstria*) induce local and systemic diurnal emissions of terpenoid volatiles in hybrid poplar (*Populus trichocarpa* × *deltoides*): cDNA cloning, functional characterization, and patterns of gene expression of (-)-germacrene D synthase, PtdTPS1. *Plant Journal*, **37**: 603–616.

Arimura, G., Ozawa, R., Shimoda, T., Nishioka, T., Boland, W. & Takabayashi, J. (2000). Herbivory-induced volatiles elicit defence genes in lima bean leaves. *Nature*, **406**: 512–515.

Arimura, G., Shiojiri, K. & Karban, R. (2010). Acquired immunity to herbivory and allelopathy caused by airborne plant emissions. *Phytochemistry*, **71**: 1642–1649.

Baldwin, I.T. & Schultz, J.C. (1983). Rapid Changes in Tree Leaf Chemistry Induced by Damage: Evidence for Communication Between Plants. *Science*, **221**: 277–279.

Braam, J. (2005). In touch: plant responses to mechanical stimuli. *New Phytologist*, **165**: 373–389.

Bryant, J.P., Reichardt, P.B., Clausen, T.P. & Werner, R.A. (1993). EFFECTS

OF MINERAL-NUTRITION ON DELAYED INDUCIBLE RESISTANCE IN ALASKA PAPER BIRCH. *Ecology*, **74**: 2072-2084.

Dolch, R. & Tscharntke, T. (2000). Defoliation of alders (*Alnus glutinosa*) affects herbivory by leaf beetles on undamaged neighbours. *Oecologia*, **125**: 504-511.

Fowler, S.V. & Lawton, J.H. (1985). Rapidly Induced Defenses and Talking Trees: The Devil's Advocate Position. *The American Naturalist*, **126**: 181-195.

Gaupels, F., Durner, J. & Kogel, K.H. (2017). Production, amplification and systemic propagation of redox messengers in plants? The phloem can do it all! *New Phytologist*, **214**: 554-560.

Hagiwara, T., Ishihara, M., Takabayashi, J., Hiura, T. & Shiojiri, K. (2021). Effective distance of volatile cues for plant-plant communication in beech. *Ecology and Evolution*, **11**: 12445-12452.

Hall, C.R., Dagg, V., Waterman, J.M. & Johnson, S.N. (2020). Silicon Alters Leaf Surface Morphology and Suppresses Insect Herbivory in a Model Grass Species. *Plants-Basel*: **9**(5).

Heil, M., Fiala, B., Maschwitz, U. & Linsenmair, K.E. (2001). On benefits of indirect defence: short- and long-term studies of antiherbivore protection via mutualistic ants. *Oecologia*, **126**: 395-403.

Ishizaki, S., Shiojiri, K., Karban, R. & Ohara, M. (2012). Clonal growth of sagebrush (*Artemisia tridentata*) (Asteraceae) and its relationship to volatile communication. *Plant Species Biology*, **27**: 69-76.

Ishizaki, S., Shiojiri, K., Karban, R. & Ohara, M. (2016). Seasonal variation of responses to herbivory and volatile communication in sagebrush (*Artemisia tridentata*) (Asteraceae). *Journal of Plant Research*, **129**: 659-666.

Jardine, A.B., Jardine, K.J., Fuentes, J.D., Martin, S.T., Martins, G., Durgante, F. *et al.* (2015). Highly reactive light-dependent monoterpenes in the Amazon. *Geophysical Research Letters*, **42**: 1576-1583.

Kalske, A., Shiojiri, K., Uesugi, A., Sakata, Y., Morrell, K. & Kessler, A. (2019). Insect Herbivory Selects for Volatile-Mediated Plant-Plant

Communication. *Current Biology*, **29**: 3128-3133.

Karban, R. & Baldwin, I.T. (1997). *Induced responses to herbivory*. The University of Chicago Press, United States of America.

Karban, R., Baldwin, I.T., Baxter, K.J., Laue, G. & Felton, G.W. (2000). Communication between plants: induced resistance in wild tobacco plants following clipping of neighboring sagebrush. *Oecologia*, **125**: 66-71.

Karban, R., Huntzinger, M. & McCall, A.C. (2004). The specificity of eavesdropping on sagebrush by other plants. *Ecology*, **85**: 1846-1852.

Karban, R. & Shiojiri, K. (2009). Self-recognition affects plant communication and defense. *Ecology Letters*, **12**: 502-506.

Karban, R., Shiojiri, K., Huntzinger, M. & McCall, A.C. (2006). Damage-induced resistance in sagebrush: volatiles are key to intra- and interplant communication. *Ecology*, **87**: 922-930.

Karban, R., Shiojiri, K., Ishizaki, S., Wetzel, W.C. & Evans, R.Y. (2013). Kin recognition affects plant communication and defence. *Proceedings of the royal society B.*, **280**: 20123062.

Khan, Z.R., Midega, C.A.O., Wanyama, J.M., Amudavi, D.M., Hassanali, A., Pittchar, J. *et al.* (2009). Integration of edible beans (*Phaseolus vulgaris* L.) into the push-pull technology developed for stemborer and *Striga* control in maize-based cropping systems. *Crop Protection*, **28**: 997-1006.

Kromer, J., Hummel, T., Pietrowski, D., Giani, A.S., Sauter, J., Ehninger, G. *et al.* (2016). Influence of HLA on human partnership and sexual satisfaction. *Scientific Reports*, **6**, 32550.

Ohara, Y., Uchida, T., Kakibuchi, K., Uefune, M. & Takabayashi, J. (2017). Effects of an artificial blend of host-infested plant volatiles on plant attractiveness to parasitic wasps. *Journal of Applied Entomology*, **141**: 231-234.

Rhoades, D.F. (1983). Responses of Alder and Willow to Attack by Tent Caterpillars and Webworms: Evidence for Pheromonal Sensitivity of Willows. In: *Plant Resistance to Insects* (ed. Hedin, PA), pp. 55-68.

Sano, K., Bannon, N. & Greene, M.J. (2018). Pavement Ant Workers

(*Tetramorium caespitum*) Assess Cues Coded in Cuticular Hydrocarbons to Recognize Conspecific and Heterospecific Non-Nestmate Ants. *Journal of Insect Behavior*, **31**: 186–199.

Shimoda, T., Mitsunaga, T., Uefune, M., Abe, J., Kugimiya, S., Nagasaka, K. *et al*. (2014). A food-supply device for maintaining Cotesia vestalis, a larval parasitoid of the diamondback moth *Plutella xylostella*, in greenhouses. *Biocontrol*, **59**: 681–688.

Shiojiri, K., Ishizaki, S. & Ando, Y. (2021a). Plant-plant communication and community of herbivores on tall goldenrod. *Ecology and Evolution*, **11**: 7439–7447.

Shiojiri, K. & Karban, R. (2006). Plant age, communication, and resistance to herbivores: young sagebrush plants are better emitters and receivers. *Oecologia*, **149**: 214–220.

Shiojiri, K., Karban, R. & Ishizaki, S. (2009). Volatile communication among sagebrush branches affects herbivory: timing of active cues. *Arthropod-Plant Interactions*, **3**: 99–104.

Shiojiri, K., Karban, R. & Ishizaki, S. (2011). Plant age, seasonality, and plant communication in sagebrush. *Journal of Plant Interactions*, **6**: 85–88.

Shiojiri, K., Karban, R. & Ishizaki, S. (2012a). Prolonged exposure is required for communication in sagebrush. *Arthropod-Plant Interactions*, **6**: 197–202.

Shiojiri, K., Kishimoto, K., Ozawa, R., Kugimiya, S., Urashimo, S., Arimura, G. *et al*. (2006). Changing green leaf volatile biosynthesis in plants: an approach for improving plant resistance against both herbivores and pathogens. *Proceedings of the National Academy of Sciences of the United States of America*, **103**: 16672–16676.

Shiojiri, K., Maeda, T., Arimura, G., Ozawa, R., Shimoda, T. & Takabayashi, J. (2002b). Functions of plant infochemicals in tritrophic interactions between plants, herbivores and carnivorous natural enemies. *Japanese Journal of Applied Entomology and Zoology*, **46**: 117–133.

Shiojiri, K., Ozawa, R., Kugimiya, S., Uefune, M., van Wijk, M., Sabelis,

M.W. *et al.* (2010). Herbivore-specific, density-dependent induction of plant volatiles: honest or "cry wolf" signals? *PLoS One*, **5**, e12161.

Shiojiri, K., Ozawa, R., Matsui, K., Sabelis, M.W. & Takabayashi, J. (2012b). Intermittent exposure to traces of green leaf volatiles triggers a plant response. *Scientific Reports*, **2**, 378.

Shiojiri, K., Ozawa, R., Uefune, M. & Takabayashi, J. (2021b). Field-Grown Rice Plants Become More Productive When Exposed to Artificially Damaged Weed Volatiles at the Seedling Stage. *Frontiers in Plant Science*, **12**: 692924.

Shiojiri, K., Ozawa, R., Yamashita, K., Uefune, M., Matsui, K., Tsukamoto, C. *et al.* (2017). Weeding volatiles reduce leaf and seed damage to field-grown soybeans and increase seed isoflavones. *Scientific Reports*, **7**, 41508.

Shiojiri, K., Takabayashi, J., Yano, S. & Takafuji, A. (2000a). Flight response of parasitoids toward plant-herbivore complexes: A comparative study of two parasitoid-herbivore systems on cabbage plants. *Applied Entomology and Zoology*, **35**: 87–92.

Shiojiri, K., Takabayashi, J., Yano, S. & Takafuji, A. (2000b). Herbivore-species-specific interactions between crucifer plants and parasitic wasps (Hymenoptera: Braconidae) that are mediated by infochemicals present in areas damaged by herbivores. *Applied Entomology and Zoology*, **35**: 519–524.

Shiojiri, K., Takabayashi, J., Yano, S. & Takafuji, A. (2001). Infochemically mediated tritrophic interaction webs on cabbage plants. *Population Ecology*, **43**: 23–29.

Shiojiri, K., Takabayashi, J., Yano, S. & Takafuji, A. (2002a). Oviposition preferences of herbivores are affected by tritrophic interaction webs. *Ecology Letters*, **5**: 186–192.

Sukegawa, S., Shiojiri, K., Higami, T., Suzuki, S. & Arimura, G. (2018). Pest management using mint volatiles to elicit resistance in soy: mechanism and application potential. *Plant Journal*, **96**: 910–920.

Takabayashi, J., Sato, Y., Horikoshi, M., Yamaoka, R., Yano, S., Ohsaki,

N. *et al.* (1998). Plant effects on parasitoid foraging: Differences between two tritrophic systems. *Biological Control*, **11**: 97–103.

Takai, H., Ozawa, R., Takabayashi, J., Fujii, S., Arai, K., Ichiki, R. *et al.* (2018). Silkworms suppress the release of green leaf volatiles by mulberry leaves with an enzyme from their spinnerets. *Scientific Reports*, **8**, 11942.

Tsuji, K., Kobayashi, K., Hasegawa, E. & Yoshimura, J. (2020). Dimorphic flowers modify the visitation order of pollinators from male to female flowers. *Scientific Reports*, **10**, 9965.

Turlings, T.C.J., Alborn, H.T., Loughrin, J.H. & Tumlinson, J.H. (2000). Volicitin, an elicitor of maize volatiles in oral secretion of Spodoptera exigua: Isolation and bioactivity. *Journal of Chemical Ecology*, **26**: 189–202.

Turlings, T.C.J. & Tumlinson, J.H. (1992). SYSTEMIC RELEASE OF CHEMICAL SIGNALS BY HERBIVORE-INJURED CORN. *Proceedings of the National Academy of Sciences of the United States of America*, **89**: 8399–8402.

Uefune, M., Abe, J., Shiojiri, K., Urano, S., Nagasaka, K. & Takabayashi, J. (2020). Targeting diamondback moths in greenhouses by attracting specific native parasitoids with herbivory-induced plant volatiles. *Royal Society Open Science*, **7**, 201592.

Uefune, M., Choh, Y., Abe, J., Shiojiri, K., Sano, K. & Takabayashi, J. (2012). Application of synthetic herbivore-induced plant volatiles causes increased parasitism of herbivores in the field. *Journal of Applied Entomology*, **136**: 561–567.

Uematsu, H. & Yoshikawa, K. (2002). Changes in copulation and oviposition time of the diamondback moth, *Plutella xylostella* (Lepidoptera: Plutellidae). *Japanese Journal of Applied Entomology and Zoology*, **46**: 81–87.

Urano, S., Abe, J., Uefune, M. & Takabayashi, J. (2011). Analytical model to predict the number of parasitoids that should be released to control diamondback moth larvae in greenhouses. *Journal of Plant Interactions*,

6, 151–154.

大久保直美・渡辺修治（2004）．花の香気成分分子機構に関する最近の知見．植物の生長調節，**39**(1)：85–96.

山田偉雄・川崎健次（1983）．コナガの発育，産卵および増殖に及ぼす温湿度の影響．日本応用動物昆虫学会誌，**27**(1)：17–21.

あとがき

私は，元来，寂しがり屋で１人でいるのが苦手である．でも，それを知らずに雪との生活に憧れて北海道で一人暮らしを始めて，「あ，１人あかん」ということに気づいた．誰かの話を聞きたいし，誰かに思ったことを聞いてもらいたい．私は，コミュニケーションをとるのが好きで，誰かと関係 (interact) していないと自分が保てないということに気づいた．私はほかの人より，その傾向がかなり強いようには思うが，ほとんどの人も，他人となんらかの関わりを持ってその関係をうまく保ちながら生活しているだろう．

これは，人に限らず，現存する生物すべてに当てはまる．私が，生物同士の interact に最初に魅了されたのは，花と虫の共進化だ．虫媒花は媒介昆虫に来てもらわないと次世代を残せないし，媒介昆虫は花粉や蜜がないと生き残れない．そして，植物は特定の虫だけに来てもらうように，虫はその植物から効率よく餌を得るためにと，お互いの利益が合致したときに，その関係性はより強固なものとなり共進化が起こる．食う，食われるの関係でもそうだ．食われないように，あるいはちょっとは食われても命は助かるように．あるいは，上手に餌を探せるように，良い餌を選べるように，と，食われる側も食う側も進化してくる．「そんな形ありえへんやろ～」というような奇妙な形や，「なんでそんな行動してんのん？」という奇天烈な行動は他個体との interact から生まれてくる．なんらかの意味があるからこそ，現在も残っている形質や行動なのだ．その理由（意味）を明らかにして，「そうやったんか～」と納得したときに面白さを感じ，今まで生物同士の関係性を調べ続けてきている．

さて，関係性の面白さは，時と場合によってドラスティックに変化することにある．本文にも書いたが，例えばコナガサムライコマユバチとキャベツは，コナガがいることで関係性がある．しかし，ここにモンシロ幼虫が加わると，コナガサムライコマユバチとキャベツの関係性は薄まってしまう．時間軸で見ても，モンシロチョウの成虫は媒介昆虫としてアブラナ科の植物にとってプラスの関係がある．しかし，その幼虫は？　というとアブラナ科を食べる害虫である．

ところで，私には 4 人の子どもがいる．4 人いると，1 人より 4 倍大変なのか，というとそうではなく，$n(n-1)\times 1\div 2$ 倍大変になると，今更ながら感じている（n ＝家族の人数）．この数は，interact の数だ．interact が増える分，なにかが生じる．夫も作用に入るので，夫婦 2 人のときよりも 15 倍大変になっているわけである．それで毎日，家の中はやかましいのか，と納得している．私の家族関係を見ていても（私もその関係性の中に入っているので，余裕のあるときでしか客観的に見ることはできないが），子どものうちある 2 人が仲良く遊んでいるときに，もう 1 人が帰宅してそれに混ざると，仲良かった関係がとたんに崩れたり，でももう 1 人が入ってくると，2 人ずつに分かれて遊びだしたり，4 人でうまくいったり，1 人がハミゴになったりと，その日によって，ではなく，本当にそのときどきで状況が異なる．なぜだろう？　1 つはそのときに interact を媒介するものが異なるためである．interact を媒介するものとは，カードゲーム，トランプ，鬼ごっこ，戦いごっこ，ボール遊びなど，そのときになにをしているかだ．もう 1 つは，個々人の状況（状態）だ．例えば，宿題をしていないけれど，ほかの子につられて遊んでいるので，やっぱり気分は乗らないのかすぐに場を壊してしまうような言動になったりすることもある（これは，うちでは日常茶飯事で，原因がわかっているのにもかかわらず改善できていない）．

本書で扱ってきた相互作用を媒介するものは，「かおり」である．目に見えない「かおり」が紡ぐ生物間の相互作用は，本書で紹介しただけでなく，もっと広くさまざまな生物同士をつないでいる．最近，樹木間のコミュニケーションの研究をしている．これまでは扱いやすい草本を中心とした研究を行ってきていたのだが，森に入って大木を見ると，ここに何百年も居座っているということは，その空間環境を察知する必要があるだろうし，また，この空間に来る数多くの生物たちと interact しているんだろうなぁ，と思う．そこにある，「かおり」が媒介する interact はどの程度のものなのだろうか．近年，樹木において土壌中の菌根菌を介した interact があることが明らかになってきている．媒介するものが違うことで，関係性はどう変わってくるのだろうか？　匂いは無線情報，菌根菌は有線情報とカテゴリーにして考えてみると，なにか面白いことがわかりそうだね，と同僚と話している．また，個々の生物の状態もそのときどきで違ってくる．例えば，植物では，芽生えたころと実をつけるころとでは，その状態が違う．また，動物もお腹が減っているときとそうではないときとでは，状態が違う．となると，個々の生物の状態も考慮して他生物との interact を見てみると面白いことがわかりそうだ．

まだまだ，面白そうなことは山盛りである．これからも，さまざまな人と interact しながら，「だから，そうやったのか～！　納得！」と言っていきたいなぁと思っている．

謝　辞

本書で紹介した研究は，日本学術振興会海外特別研究費，特別研究員奨励費（182570），JSPS 科研費 23770020，18H03952，食と農の総合研究所研究助成 FA1906，住友財団基礎化学研究助成 190876 の助成を受けたものである．

紹介した研究は，博士課程の指導教官である高林純示教授，海外学振での受け入れ教官である Richard Karban 教授の指導と協力がなければ成り立たなかった．思いついたらすぐに実行に移してしまう私を，二人とも抑えることなく常にポジティブにサポートしてくださった．そこには「研究はギャンブルやん．面白いことはやってみたらいいねん」と私なりに解釈したお二人の研究姿勢があったのだと思う．この研究姿勢を私も見習いこれからも研究を続けていこうと思っている．小澤理香氏，石崎智美氏，安部順一朗氏，上船雅義氏，有村源一郎氏，安東義乃氏には，調査・実験解析・議論などをともに行っていただいたおかげで本書に紹介した研究ができたと感謝している．また，前田太郎氏には，わかりにくい原稿を，私の語り口調なども活かしつつ添削してもらった．この場を借りてお礼を申し上げる．

この本のイラストの多くは，ママ友の横田由佳さんに描いてもらったものである．彼女は私がお願いしたとき，快く引き受けてくれ，そして私の要望を完全に満たしてくれる，かわいい特徴をもったイラストに仕上げてくれた．心よりお礼を申し上げる．

この本の依頼を受けたのは数年前だった．しかし，ちょっと書いては「こんな感じでいいのかなぁ？」と不安になり，筆をおいては数カ月が過ぎてしまうということの繰り返しだった．そのたびに，共立出版の編集担当者の山内さんから「これでいいです．面白いですからこの感じで進めてください」という励ましをもらい，なんとか書き上げることができた．また，影山さんには最後まで丁寧に原稿を校正してもらい，とても読みやすくなったと感じている．実はこれまで，本の謝辞になんで編集者の名前があがるんだろう？と，失礼ながら少々不思議に思っていたのだが，山内さんと影山さんのサポートなくしてこの本が日の目を見ることはなかったことを痛感し，山内さん，影山さんありがとう！　と太字で感謝を示したいくらいである．

私は子どもが4人いるが，アメリカでの調査のため年に数回，10日間ほど渡米していた．その間，子どもたちを両親に預かってもらったり，夫や両親にアメリカまで連れてきてもらったり，家族に助けてもらいながらやってきた．いつもサポートしてくれる家族がいなければ研究は続けてこられなかったし，ときには騒がしい子どもたちがいなければ新しい研究アイデアも生まれてこなかったと思っている．家族があってこその研究と本書である．「ありがとう．これからもよろしくお願いします」とあらためてここで伝えておきたい．

パワフルな実験生態学者

コーディネーター　辻　和希

著者の塩尻かおりさんを口頭で一言で紹介するよう頼まれたら,「実験生態学者」だと私は答えることにしています.そのとき,塩尻かおりというお名前は,質問へのおうむ返しにでもいわないようにしています.『1リットルの涙』などに主演した大層美しい俳優さんの名前を間違えて呼んでしまうことが何度もあったからです.

塩尻さんの研究対象は,植物とその香りです.植物は香りを出すことで周囲に働きかけています.香りは一体どんな効果をもたらすのか,塩尻さんはいろいろと考えては仮説を立てます.そして,考えが正しいか調べるために実験をします.生物学の実験といえば,ピペットを使ったり顕微鏡を覗いたりと,ラボでのちまちました作業を思い浮かべる向きも多いでしょうが,塩尻さんの実験は主として野外が舞台です.動かない植物の代わりに塩尻さん自身が,山にでも畑にでも,魔法の傘でふわっと降り立つかのように軽々と出向くのです.ピペットでも魔法の杖でもなく,剪定ばさみで植物の枝を「ちょん切る」のが必殺の実験操作です.このような,メリー・ポピンズとシザーハンズを合わせたようなマジカルな研究スタイルを得意とする「動の研究者の塩尻さん」と,「静の植物」との組み合わせが,まるでよくできた漫才のようにテンポよく「化学反応」を起こし,新事実を次々と明らかにしていきます.本書に生き生きと描かれた実験生態学の醍醐味に触れ,「こんな研究ならば自分でもやってみたいな」と触発される読者も多いでしょう.

本書の前半で，外敵であるチョウやガの幼虫と戦うため，それらの天敵である寄生蜂を香りで引き寄せる植物の戦略について解説がありました．敵の敵は友というわけです．このような，植物—植食性昆虫—捕食性昆虫の関係は，生態学では3者系というややマニアックな呼び方がされ，これらに注目した実験的な生態学は日本でも盛んです．塩尻さんの大学院時代の指導教員でもあり，コナガの幼虫に食べられたキャベツが天敵の寄生蜂に化学的なSOS信号を送っていることを明らかにした高林純示京都大学教授は，この分野の世界的第一人者です．

しかし，このような実験的アプローチは，近年の生態学では分が悪くなり始めました．研究成果が高い評価を受けにくくなったのです．その背景に，生態学にも押し寄せた「ビッグデータの波」があります．ビッグデータ研究の定義はしばしば曖昧ですが，私は個人が手入力で分析するには大きすぎる量のデータを扱う研究だと考えます．生態学の文脈では，リモートセンシングなどの自動計測技術で記録した環境や生命現象に関する大量データの分析，インターネットなどで閲覧できる膨大な既存データを世界中からかき集め再分析するメタ分析などに，ビッグデータ研究の事例があります．これらは現在とても注目されています．そこでは，「地球全体を俯瞰して見たとき」とか「過去から現在に至る気象の時系列記録全体で見たとき」といった大きな時空間スケールのデータが研究対象であり，リサーチクエスチョンも，例えば「生物種の絶滅率の高緯度地域と低緯度地域での差」とか「過去百年スケールでの温暖化傾向の地域差」のように，やはり壮大なスケールのものが多いです．生態学におけるビッグデータ研究の最大のメリットは，これまで誰も見ることができなかった大域的なパターンの発見が可能になることです．また，結論を一般化しやすいという強みもあります．なにせ地球全体を俯瞰したときに見えるパターンとかですから．

しかし，デメリットもあります．ビッグデータ研究では実験的なアプローチが難しいということです．ビッグデータ研究に実験操作を伴う研究ももちろんたくさんありますが，例えば「大気中の二酸化炭素濃度が上昇するとその温室効果で大気温が上昇するのだ」という地球温暖化仮説を，二酸化炭素濃度だけを変えた地球を２つ用意して比べるというようなリアルスケールの実験で検証することは不可能です．それゆえ，これに近い大きなスケールの問題と対峙することが多い生態学のビッグデータ研究でも，パターンを見つけることに主眼が置かれがちになります．しかし，実験操作を伴わない観察データに見られるパターンは，あくまで相関関係でしかありません．原因と結果の関係である因果関係とは限らないのです．

科学の大きな目的は，現象が生じるメカニズムを解明すること（基礎研究），そして，その知識を人の幸福のために役立てること（応用）だといえるでしょう．応用とは例えば，気候変動の仕組みを解明し農業生産を安定させるとか，疾病発生の体内メカニズムを理解し医療に役立てるとかです．応用では，基礎研究の成果によって因果関係がまず正しく理解されていることが，切実な前提になります．病気の原因を間違えれば，病気が治らないばかりか患者は命を落とすかもしれません．「因果関係とは何か」には，哲学の世界ではいろいろと難しい議論があるのですが，何が原因で何が結果（効果）であるかを正しく理解することの重要性は，科学の応用という問題を考えれば，ご理解いただけると思います．

そして，因果関係を厳密に証明するには実験が必要だということが，通常の科学の常識になっています．最近の生態学の研究では，観察ベースのデータ内に見られる，時間の遅れを伴う変数間のややこしい相関関係から因果関係を明らかにするとされる高度な統計的方法も使われますが，それでできるのはあくまで因果関係の推定です．因果関係の証明（正しくは反証）には実験が必要なのです．

ここで，くどいようですが，因果関係と相関関係の違いをあらためて説明しないといけません．相関関係とは，ある2つの事象が時空間的に近い場所で起こる傾向をいいます．「駅の近くには郵便局がある」は空間的な相関関係です．一方，因果関係とは，原因と結果の関係です．因果関係で結ばれた2つの事象には時間的前後関係があり，原因が結果に先立って起こる必要があります．原因のあとに必ず結果が起こることが，古典物理学における因果関係の定義では要求されます（ただし，生態学では「必ず」は必要ありません．確率的な因果関係も認められているからです）．

では，例えば，「春に近所のお寺の境内で桜が咲くと，約3週間後に必ず藤が咲く」という現象があったとします．先に起こるサクラの開花はフジの開花の原因なのでしょうか．いいえ，これは時間的な遅れを伴う単なる相関関係です．もし，サクラの開花がフジの開花の原因であるという考えを証明したいなら，和尚さんに叱られるかもしれませんが，お寺の桜を全部根元から切ってしまう実験をすべきです．しかしながら，この研究テーマに関しては，野暮な実験をやらなくても結果は見えています．樹を切り倒したら桜はもう咲きませんが，来るべき季節になれば，残されたフジはいつものように花を咲かすでしょう．サクラの開花 → フジの開花という因果関係に関する仮説は，こんな風に実験をすれば反証されるでしょう．サクラの開花は，フジの開花に必要な生態学的なメカニズムにおける歯車の1つではないのです．この現象で正しいと思われるマクロ生理学的な原因を1つ挙げるとすれば，それは積算温度です．コトバンクによると積算温度とは，「ある期間の日々の平均気温のうち，一定の基準値を超えた分を取り出し合計したもの．植物の生長に必要な熱量の大小の目安によく用いられ，基準値として，たとえば春コムギで3℃，トウモロコシで13℃ などが用いられる」[1]とあります．お寺の境内の環境では，サクラの方がフジよりも毎年約3週間早く，積算温度が開花のレベルに達するということでしょう．

このように，因果関係の正しい理解には実験が必須です．にもかかわらず，実験生態学がいまいち評価されにくくなったことは残念です．実は，私も塩尻さんと同様に留学経験があり，それ以来実験的アプローチを研究の主軸にしてきたので，塩尻さんの研究スタイルには共感を持ちます．私も塩尻さんに負けないよう，実験生態学の面白さと重要性を世に伝えていきたいと思います．

実験生態学への現在の向かい風は，ビッグデータ研究への追い風の単なる煽りにすぎません．しかし，もし，実験生態学に解決すべき問題があるとすれば，それはデータ量が少ないことでしょう．観察ベースのビッグデータ研究よりも，データの厚みで見劣りするのです．生態学の実験には，それを可能にする広いフィールドや大きな労力という制約がいかんともしがたくあります．例えば，陸上での野外生態学実験をするには，広い国土を持つアメリカで計画した方が，日本でするよりたいてい圧倒的に有利です．まあこういった制約から，データの量が小さくなりがちなのです．データの薄さゆえ，実験生態学の個別の研究成果は「ローカルな事例研究である」とか「一般性が保証されていない」と低評価を受けることになるのです．

実験生態学のこの問題を打開する方法について，少し前向きに考えてみましょう．その1つに，シチズンサイエンスに実験生態学を

---

[1] https://kotobank.jp/word/積算温度-547120

根付かせる手があるかもしれません．例えば，9.4節にあった「雑草のアロマ効果」を用いた田んぼの害虫防除の研究ですが，この研究成果にも，脱サラして有機農法農家を始めたお友達が塩尻さんの実験に協力してくれたエピソードにも，私はただただ感心していました．そんな中ふと思いついたのが，全国の無農薬栽培農家に呼びかけて追試実験をやってもらうという方法でした．日本でも，アサギマダラの翅にペンで印をつけて放し，移動を追跡するというシチズンサイエンスが定着しています．雑草の除虫効果についてもネット上でわかりやすい実験マニュアルを置いて呼びかければ，協力してくれる熱い農家の方もいるのではないでしょうか．本書がその呼びかけに向けた宣伝になるかもしれませんね．塩尻さん，どうでしょう．

ビッグデータ研究がこのまま生態学で進み，さまざまなパターンの存在がわかったあとは，いずれそのパターンを説明するメカニズムに研究者の興味は移るでしょう．これは必然だと思います．全地球レベルのような大域的パターンを説明するメカニズムに関する仮説検証実験を，リアルスケールで行うことは今後も難しいと思います．代わりに，計算機シミュレーションを使ったバーチャル実験に訴える機会が今よりさらに多くなるでしょう．だとしても，科学者の興味が因果関係に向く限り，実験生態学者の出番は訪れます．シミュレーションモデルのパーツ・歯車となる生態学的過程や仕組みの解明には，よりローカルなスケールで収集された，実験生態学による正しい因果関係の知識が役立つはずだからです．寂しがり屋で社交上手な塩尻さんなら，そんな未来のプロジェクトでもきっと活躍するでしょう．そのときは「因果関係に真に迫れるのは我々だけだ」と実験生態学者として胸を張りましょう．

さて，塩尻さんによる「あとがき」は，実はこの紹介文をほぼ書き終えたあとで拝見しました．お子さんが 4 人もいたとは驚きです．それじゃあメリー・ポピンズではなく，同じジュリー・アンドリュースが演じたマリア・トラップ（サウンド・オブ・ミュージック）ではないですか．塩尻さんはパワフルです．望ましい work-life balance に向けた実践の見本のようです．本書は研究者としてだけでなく，人としての生き方が学べる本ですね．読者の皆さん，これからも塩尻さんの研究だけでなく生き方にも注目していきましょう．

索　引

【さ】

【た】

【な】

【は】

【ま】

【や】

【ら】

著　者

塩尻かおり（しおじり　かおり）

2001 年　京都大学大学院農学研究科博士課程修了

現　在　龍谷大学農学部植物生命科学科 教授，博士（農学）

専　門　化学生態学，植物-昆虫相互作用

コーディネーター

辻　和希（つじ　かずき）

1989 年　名古屋大学大学院農学研究科博士後期課程修了

現　在　琉球大学農学部亜熱帯農林環境科学科 教授，農学博士

専　門　動物生態学，進化生態学

共立スマートセレクション 36
Kyoritsu Smart Selection 36
かおりの生態学
—葉の香りがつなげる生き物たち—
Ecology of Volatiles: Communication via Leaf Volatiles

2021 年 12 月 25 日　初版 1 刷発行
2022 年 9 月 10 日　初版 2 刷発行

検印廃止
NDC 471, 468, 486

ISBN 978-4-320-00936-3

著　者　塩尻かおり　
コーディネーター　辻　和希

発行者　南條光章

発行所　**共立出版株式会社**
郵便番号　112-0006
東京都文京区小日向 4-6-19
電話　03-3947-2511（代表）
振替口座　00110-2-57035
www.kyoritsu-pub.co.jp

印　刷　大日本法令印刷
製　本　加藤製本

一般社団法人
自然科学書協会
会員

Printed in Japan